超大直径钢筋混凝土顶管设计与施工技术及应用

顾　杨　李耀良　主编

中国建筑工业出版社

图书在版编目（CIP）数据

超大直径钢筋混凝土顶管设计与施工技术及应用/
顾杨，李耀良主编. —北京：中国建筑工业出版社，
2021.8（2022.10重印）
　ISBN 978-7-112-26371-4

　Ⅰ.①超…　Ⅱ.①顾…②李…　Ⅲ.①钢筋混凝土管
-顶进法施工　Ⅳ.①TU94

　中国版本图书馆 CIP 数据核字（2021）第 140878 号

　　　　本书以超大直径钢筋混凝土顶管设计与施工最新的技术进展为阐述对象，汇集业内第一线的经验丰富的专家撰写，系统总结了工程实践经验，内容覆盖了理论、设计、管材制作、施工的工程全周期中的技术领域，充分反映了当前的技术水平与发展趋势，以满足工程建设的需求。本书共6个章节，由概述、顶管设计、管节制作、施工技术、经济性分析、施工效果构成，各章节对工程实践经验进行了翔实介绍，以使读者能够更好地理解与借鉴。

　　　　责任编辑：张伯熙　范业庶
　　　　责任校对：党　蕾

超大直径钢筋混凝土顶管设计与施工技术及应用
顾　杨　李耀良　主编
*
中国建筑工业出版社出版、发行（北京海淀三里河路9号）
各地新华书店、建筑书店经销
唐山龙达图文制作有限公司制版
北京建筑工业印刷厂印刷
*
开本：787毫米×1092毫米　1/16　印张：11¾　字数：289千字
2021年8月第一版　2022年10月第二次印刷
定价：**50.00**元
ISBN 978-7-112-26371-4
（37706）

本 书 编 委 会

主　　编：顾　杨　李耀良

编写人员：黄金明　徐　震　王建华　陈锦剑　徐月江　王　非

白海梅　徐冬宝　陈晓晨　白占伟　徐玉夏　张海锋

罗云峰　李煜峰　施　雨　白　杨　富忠权　邹　峰

李伟强　王锡清　张　振　杨　逸　吕根喜　田培云

潘永常　胡　斌　孙东晓　宋　芊　吴国平　刘学科

韩伟勇

主编单位：上海市城市排水有限公司

上海市基础工程集团有限公司

参编单位：上海市政工程设计研究总院（集团）有限公司

上海交通大学

上海城建市政工程（集团）有限公司

上海浦东混凝土制品有限公司

上海城建预制构件有限公司

上海隧道工程有限公司构件分公司

宏润建设集团股份有限公司

中铁上海工程局集团有限公司

上海金山市政建设（集团）有限公司

上海公成建设发展有限公司

序

随着城市建设的发展，顶管工程技术也发生着日新月异的变化。近十几年来我国各大城市涌现了大量的大型引水、排水管道建设项目，顶管工程已向超大直径、超长距离和多形式管材应用技术方向发展，在顶管设计、施工和管理等各方面积累了丰富的实践经验，取得了突破性进展，极大地提升了顶管工程的技术水平。在此形势下，亟待将所取得的创新技术与工程实践经验全面系统地总结，编撰顶管技术设计施工及应用专著，以供顶管工程一线的科研与工程技术人员参考与借鉴，有力推动我国顶管工程技术进步。

本书以国内最大直径超长距离的顶管工程——上海市污水治理白龙港片区南线输送干线（东段输送干管）顶管工程为背景，阐述了超大直径钢筋混凝土顶管结构设计、管节制作、施工技术及实施成效。本书充分体现了技术的全面性、新颖性与实用性，对软土地区超大直径长距离钢筋混凝土管顶管设计、施工及应用等方面做了全面论述，反映了钢筋混凝土顶管技术的最新发展和技术进步，有利于更好地解决同类工程问题。本书编写组在工程研发中授权专利多达20余项，涵盖了管节的结构、构造、制作和施工工艺等多个方面，形成了多项具有自主知识产权的大直径长距离顶管设计施工核心技术。

本书是钢筋混凝土顶管专项工程领域中处于技术前沿的工程著作，相信本书的出版，对推动我国顶管行业的技术进步具有非常积极的作用，愿广大读者从中受益。由衷祝贺该书出版问世，并为之作序。

中国工程院院士

随着我国建设事业的飞速发展，管道工程呈现出方兴未艾的发展态势。运用顶管技术建设大规模的排水及污水处理系统成为城市管道建设的趋势。大量的工程建设和复杂的建设环境以及市场需求迥异与不断转换，给顶管工程的管道设计、管材选型、管节制作和施工工艺等提供了广阔的提升平台，也使得我国在顶管技术上取得了长足的进步，并积累了更为丰富的经验。为了系统地反映顶管工程技术进步、深入总结典型工程的经验与成果，突出顶管专项领域最为前沿的技术，故本书以目前市场应用最为广泛的钢筋混凝土顶管技术为阐述对象，结合我国当前最大直径且同直径最长距离的钢筋混凝土顶管工程，编撰了超大直径钢筋混凝土顶管技术设计施工及应用专著，详细阐述了在建设中所取得的技术成果，以供借鉴。

本书由上海市城市排水有限公司教授级高级工程师顾杨和上海市基础工程集团有限公司教授级高级工程师李耀良担任主编，联合了上海市政工程设计研究总院（集团）有限公司、上海交通大学、上海城建市政工程（集团）有限公司、上海浦东混凝土制品有限公司、上海城建预制构件有限公司、上海隧道工程有限公司构件分公司、宏润建设集团股份有限公司、中铁上海工程局集团有限公司、上海金山市政建设（集团）有限公司、上海公成建设发展有限公司在超大直径顶管设计、施工、管理领域第一线工作的 30 余名专家、技术骨干等组成编撰委员会。编撰委员会根据整个顶管工程建设工艺流程确定了本书的总体框架和章节目录，系统、全面地向广大读者讲述了超大直径钢筋混凝土顶管工程全周期、全工艺的关键技术，经过多次深入的会议讨论并修改内容，最终定稿。

本书共 6 个章节，以第 1 章"概述"为引，详细阐述了钢筋混凝土顶管技术研究现状并指明了亟待解决的问题；第 2 章至第 4 章从顶管工程总体设计、施工的角度阐述了超大直径钢筋混凝土顶管工程结构设计、管节制作、顶管施工所涉及的主要内容，基本体现了顶管工程建设的全貌；第 5 章至第 6 章主要介绍了工程应用经济分析与应用实施效果分析，对工程进行了全面的经济、质量分析。

本书各章节的编撰工作是建立在依托工程项目实践经验和科研成果的坚实基础之上的，并且汇集了编写组各专家、技术骨干近年来大量相关的顶管工程所积累的丰富经验。以点及面，技术成果能够为相关顶管工程提供技术借鉴，同时也能够提升整个行业水平。限于时间仓促及技术水平，疏漏和不足之处在所难免，敬请广大读者不吝指正。

目　录

1　概述 **1**

　1.1　顶管施工的原理与特点 1

　1.2　顶管技术的发展历史 3

　1.3　顶管工程的研究现状 8

2　超大直径钢筋混凝土顶管设计 **10**

　2.1　管道结构上的作用 10

　2.2　管道结构设计 19

　2.3　管道强度计算和稳定验算 21

　2.4　管道接口性能分析与设计 24

　2.5　沉井的受力分析 38

　2.6　沉井结构设计 66

　2.7　沉井强度计算和稳定验算 68

3　超大直径钢筋混凝土顶管管节制作 **70**

　3.1　管节制作技术要点及关键工序 70

　3.2　管节钢模的设计与制作 70

　3.3　管节制作半成品及材料要求 74

　3.4　管体生产制作成型工艺 78

　3.5　管节关键参数确定 80

　3.6　管节内水压与外荷载检验 81

4　超大直径钢筋混凝土顶管施工技术 **82**

　4.1　超大直径智能顶管机及配套设备 82

　4.2　顶管施工工艺 103

　4.3　进出洞施工技术 112

　4.4　顶力控制施工技术 114

　4.5　开挖面平衡控制施工技术 128

　4.6　顶进过程姿态控制施工技术 130

4.7 长距离顶管远程自动控制施工技术 ⋯⋯⋯⋯⋯⋯⋯⋯⋯⋯ 133

4.8 超长距离曲线顶管自动测量施工技术 ⋯⋯⋯⋯⋯⋯⋯ 137

4.9 超长距离顶管供电技术 ⋯⋯⋯⋯⋯⋯⋯⋯⋯⋯⋯⋯⋯⋯⋯ 142

5 超大直径钢筋混凝土顶管经济性分析　　143

5.1 概述 ⋯⋯⋯⋯⋯⋯⋯⋯⋯⋯⋯⋯⋯⋯⋯⋯⋯⋯⋯⋯⋯⋯⋯ 143

5.2 方案分析及经济性比较 ⋯⋯⋯⋯⋯⋯⋯⋯⋯⋯⋯⋯⋯⋯⋯ 143

6 工程施工效果　　145

6.1 工程概况 ⋯⋯⋯⋯⋯⋯⋯⋯⋯⋯⋯⋯⋯⋯⋯⋯⋯⋯⋯⋯⋯ 145

6.2 环境影响与控制技术 ⋯⋯⋯⋯⋯⋯⋯⋯⋯⋯⋯⋯⋯⋯⋯ 148

6.3 受力变形特性实测与验证 ⋯⋯⋯⋯⋯⋯⋯⋯⋯⋯⋯⋯⋯ 166

6.4 工程调试 ⋯⋯⋯⋯⋯⋯⋯⋯⋯⋯⋯⋯⋯⋯⋯⋯⋯⋯⋯⋯⋯ 175

6.5 工程质量评价（鲁班奖） ⋯⋯⋯⋯⋯⋯⋯⋯⋯⋯⋯⋯⋯ 176

6.6 工程社会经济效益 ⋯⋯⋯⋯⋯⋯⋯⋯⋯⋯⋯⋯⋯⋯⋯⋯ 177

1 概　述

1.1　顶管施工的原理与特点

顶管施工是继盾构施工之后发展起来的一种地下管道施工方法，它不需要开挖面层，且能够穿越公路、铁道、河川、地面建筑物、地下构筑物等。顶管施工是指首先采用顶管机成孔，然后将管道从顶进工作坑顶入，形成连续衬砌的管道（图 1.1-1）。

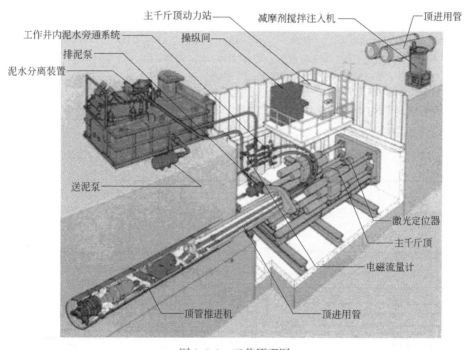

图 1.1-1　工艺原理图

顶管法施工是借助于主顶油缸的推力，把顶管掘进机以及紧随其后的管节，在地下从工作井顶到接收井内的一种敷设地下管道的施工方法，所顶的管节可以是钢筋混凝土管，也可以是钢管。

与常见的开挖地槽敷设地下管道的方法不同，它是一种非开挖敷设地下管线的施工方法。从图 1.1-2 中可以看出，顶管机的机头，即工具管正沿工作井出口洞顶进土层，随后紧接一段又一段的混凝土管道，被推顶入掘进的管线土层中，直到机头被顶出接收井后，这两井之间的混凝土管道就紧密连接，有序地敷设完成。不管工作井和接收井之间的地上地下有何障碍物，地下管道的无开挖施工敷设都能按选线要求顺利进行并埋设到位。

如果是长距离顶管，采取中继环接力原理，将管道分成数段，段与段之间设置中继环，

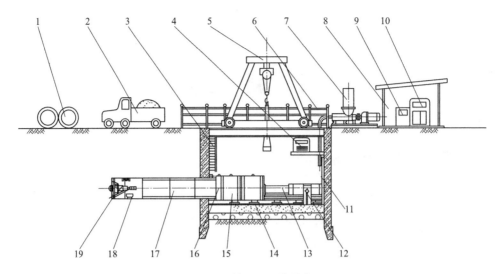

图 1.1-2　顶管施工工作井布置图

1—混凝土管；2—运输车；3—扶梯；4—主顶油泵；5—吊车；6—安全扶栏；7—润滑注浆系统；
8—操纵房；9—配电系统；10—操纵系统；11—后座；12—测量系统；13—主顶油缸；14—导轨；
15—弧形顶铁；16—环形顶铁；17—混凝土管；18—运土车；19—机头

使之形成一个成环形布置的许多中继油罐组成的移动式顶推站；中继环按先后次序依次逐个启动，使管道分段顶进。这样一来，管道顶进长度不再受后顶力的限制，只要增加中继环的数量，就能延长管道的顶进长度，确保其管道的长距离顶进连接到位，如图 1.1-3 所示。

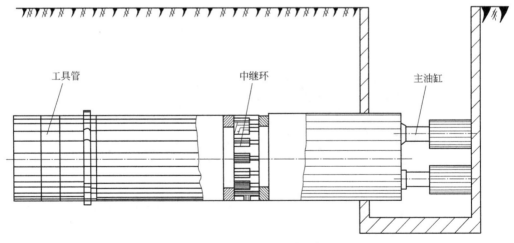

图 1.1-3　中继接力顶管示意图

　　顶管施工的原理是通过顶管机头不断地对埋管沿线岩土体进行切削，破坏土体，使之产生预变形土块又进行变形碎化，然后再挤密土体，支护土体以及补偿岩土体变形，并平衡压力，使得埋管外管壁与岩土体紧密地结合在一起，且不断稳定地挤进挤密敷设好地下管线，以形成管网。

　　顶进技术既是一种具体的非开挖敷设地下管道的施工方法，同时它又是以顶管施工原理为基础的顶进施工技术的总称。顶进技术是从隧道盾构法施工技术发展而来。顶管法所用的顶管机和管片与隧道施工法所采用的隧道掘进机没有本质的不同。两种施工技术方法的区别仅在于隧道内衬构筑方法的不同，一个是整段管片顶进连接安装，另一个是组合管片拼接安装。

顶管施工方法具有一些普遍特点（图 1.1-4），主要体现在以下几点：

①它在敷设地下管道时，不需要大挖大填土方作业，是一种非开挖施工技术，地下穿越能力强，施工工作面也不大，方便在城镇中的繁华市区施工。

②它是一项综合性的施工技术：从选线、定位放线、工作井和接收井设置、机头顶推、测量定位及施工组织与管理，都要求严格科学管理和有条不紊地实施其施工作业程序及精心施工，并不断克服穿越不同土层条件的各种困难，才能较好地完成敷设地下管线任务。在任何一个施工环节上稍有疏漏，都会出现难以排除的干扰问题，甚至造成工程事故的巨大损失。

③它的技术特点具有鲜明的适用性：针对不同的土层组成及土质条件、不同的施工条件和不同的埋管设置要求，选择与之适应的顶管施工工艺，以达到事半功倍的效果。否则，将会使顶管难以顶进甚至导致失败。

④是一种高科技手段的现代化地下管道施工方法：它既能不断掘进埋管，后续连接敷设管道，又能支护开挖掘进面，且受先进的激光定位系统指挥，机头的对中和上下左右转动也十分灵活，确保了管道敷设的顺利进行，并显示出埋管施工的独特优点及具备环境保护的极大优越性。这比开挖式埋管技术无疑是向前迈进了一大步。

顶管施工只要认清这些特点，把握好具体地层条件下的顶管施工主要技术关键，并且精心组织施工，就能快速实现地下管道敷设任务。

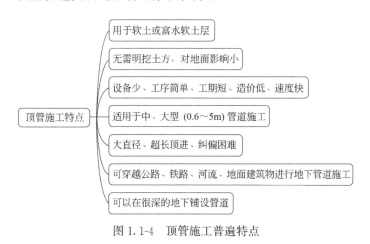

图 1.1-4　顶管施工普遍特点

1.2　顶管技术的发展历史

1.2.1　国外顶管技术的发展

顶管的发展具有悠久的历史。根据中东地区出土的文物证实，古罗马时代已开始了最早应用顶管施工技术的萌芽。当时的罗马人利用杠杆原理，将一根木质管道从土层侧面顶进从而开辟出一条供水渠道，以汲取水资源。这就是在不开挖地面条件下进行的地下顶管施工雏形。

美国是最早采用顶管技术的国家，在 1922～1947 年，美国采用顶管法累计完成铺管工程 830 项，铺管总长度 16800m，所采用的螺旋焊管直径为 700～2400mm，在某些情况下顶进长度超过 60m。

日本首次引入顶管技术是用于铁路下铺设管道，当时顶距只有 6m，主顶采用手摇液压千斤顶，直到 1957 年前后才用液压油泵来驱动油缸作为主顶动力，其后顶管技术发展较快，主要体现在小直径（DN1200 以内）顶管技术上。

英国顶管技术发展也较快，1980 年从日本引进泥水平衡式顶管机械施工了一条内径为 2489mm，长度为 3.2km 的管道获得成功，且曾达到不用中继间最大顶距 178m 的纪录。

德国是大直径顶管最先进的国家，世界上顶管距离首次超过千米也是在德国。

在 20 世纪 60、70 年代，顶管施工技术得到了较大的改进，奠定了现代顶管施工技术的基础，其中最重要的技术进步有以下三个方面：①专门用于顶管施工的带橡胶密封圈的混凝土管道的出现；②带有独立的千斤顶可以控制顶进方向的掘进机研制成功；③中继间的应用。国外顶管发展汇总表见表 1.2-1。

国外顶管发展汇总表　　　　　　　　　　　　　　　　　　表 1.2-1

时间	地点	工程、事件	施工方法	顶管材料	特点
1896 年	美国	北大西洋公司施工的一项铸铁管铺设工程	手掘式顶管	铸铁管	顶管先驱
1920 年	美国	开始大量采用螺纹焊接钢管取代铸铁管	手掘式顶管	螺纹焊接钢管	材料更新
1957 年	德国	Ed Zublin 公司首家开创了混凝土管道的顶进施工	—	混凝土顶管	材料更新
20 世纪 50 年代	美国	开始出现长距离顶管	—	—	长距离顶管
1970 年	德国	汉堡下水道顶管工程	机械式掘进	混凝土顶管	世界首次顶进超千米
20 世纪 80 年代	日本	顶进施工法大为增长，施工管道长度占比大	机械式掘进	混凝土顶管	长距离转弯施工成功
20 世纪 90 年代	美国	出现了气动钢管顶管技术		钢管	逐步取代液压

1.2.2　国内顶管技术的发展

我国顶管施工法的起步较晚，初期发展较慢，近期发展速度很快。在我国，首次使用是 1953 年在北京西郊行政区污水管工程，当时是在京包铁路的路基下进行的钢筋混凝土管道的顶管穿越施工，开创了国内应用顶管技术的历史。

1964 年前后，上海一些单位已进行了大口径机械式顶管的各种试验。当时，直径 2000mm 钢筋混凝土管的一次推进距离可达 120m。同时，也开创了使用中继间的先河。

1967 年，上海市市政公司研制挤压式顶管获得成功。

20 世纪 70 年代，为适应大直径管道穿越江河的需要，我国开始发展长距离顶进技术。1978 年，上海市基础工程公司成功研制了三段双铰式工具管，解决了百米顶管技术的关键问题。

1979 年北京朝阳区草场地地区顶进了内径为 2500mm，外径是 2980mm 的混凝土管并穿越京张铁路，使该地区顶管工程的管道直径超过 2m。1981 年，在北京市的南城污水工程中，一次顶进直径为 1950mm 的混凝土管 202.31m。同年上海市在穿越甬江的顶管工程中第一次采用了中继间技术，采用 5 只中继环，使顶进距离达到 581m，管道外径为 2.6m。

1984 年，北京、上海、南京等地先后开始引进国外先进的机械式顶管设备，从而使我国的顶管技术上了一个新台阶。尤其是上海市市政公司引进了日本伊势机公司的内径 800mm Telemale 顶管掘进机（具有机械平衡土压力和泥水平衡地下水压力的双重平衡和电视遥控功能）以后，随之也引进了一些顶管理论、施工技术和管理经验。随后，诸如土压平衡理论、泥水平衡理论、管接口形式和制管新技术都慢慢地流行起来，这些技术及相关资料等对迅速改变我国顶管技术领域的落后面貌发挥了极大作用。至此，一大批大直径长距离的顶管工程如雨后春笋般涌现。

1987 年，在上海市南市水厂过江顶管工程中开始采用计算机监控、激光陀螺仪等先进技术，将直径 3000mm 的钢管一次顶进 1120m，创千米顶管纪录，顶进轴线精度：左右小于 150mm，上下小于 50mm，标志着我国的顶管技术处于国际领先地位，奠定了我国超长距离顶管施工技术基础。该项施工技术通过上海市科委和建委组织的专家鉴定，确认为处于世界领先地位。紧接着，1988 年上海研制成功我国第一台 $\phi2720$mm 多刀盘土压平衡掘进机，先后在虹漕路、浦建路等许多工地使用，取得了令人满意的效果，该类机种到目前为止，已有 4.6km 的累计顶进长度的业绩。

20 世纪 90 年代我国的顶管技术基本处于世界先进水平。1990 年由上海市市政工程研究所负责，上海市隧道工程设计院和上海市第二市政工程公司参加研制的我国第一台泥水土压平衡遥控掘进机通过鉴定，认为达到同期国外同类产品水平。1992 年，上海研制成功国内第一台加泥式 $\phi1440$mm 土压平衡掘进机，用于广东省汕头市金砂东路的繁忙路段施工，施工结束所测得的最终地面最大沉降仅有 8mm，该点位于出洞洞口前上方，其余各点的沉降均小于 4mm。该类型的掘进机目前已成系列，最小的为 $\phi1440$mm，最大的为 $\phi3540$mm，该机中的 $\phi1650$mm 机种荣获了 1995 年上海市科技成果三等奖。

20 世纪 80～90 年代，我国完成了 6 条千米以上的超长管道的顶进，这些超长距离顶管工程的出现，标志着我国顶管技术的应用进入世界领先国家行列。这 6 条管线包括：①汕头市自来水厂过海输水顶管工程，钢管直径 2.0m，采用 1 台 3 段双铰型工具管和 10 只中继环，一次顶进 1140m，1989 年 4 月完成；②上海奉贤开发区污水排海顶管工程，钢筋混凝土管直径 1.6m，采用一只双铰型工具管和 20 只中继环，一次顶进 1511m，管道顶向杭州湾深水水域，创造了顶管一次顶进长度的世界纪录；③厦门污水排海顶管工程，钢管直径 1.8m，采用一台 3 段双铰型工具管和 11 只中继间，一次顶进 1050m，管道顶向海域，1995 年 11 月完成，开创了软弱土层中超长距离顶管施工纪录；④深圳妈湾污水排海顶管工程，钢管直径 2.4m，采用一台 3 段双铰型工具管和 32 只中继间，一次顶进 1609m，顶管施工于 1995 年 12 月完成，该工程首次应用组合密封中继环，并获得成功，解决了高水头复杂地层中的关键设备应用问题；⑤上海上游引水工程中陇西支线顶管，钢管直径 2.2m，采用一台 3 段双铰型工具管和 10 只中继间，一次顶进 1290m，管道穿越民房、铁路等大片地面建筑，工程于 1996 年 11 月完成；⑥上海上游引水工程中长桥支线顶管工程，钢管直径 3.5m，采用一台 3 段双铰型工具管和 18 只中继间，一次顶进 1743m，管道穿越大片住宅区，工程于 1997 年 4 月完成，该工程解决了超长距离顶管中又一关键技术——高压供电技术，将 3300V 的高压电成功引入管道，解决了数公里顶管的供电问题，该工程还解决了输送距离可达数公里的顶管排泥问题，为超长距离的顶管顶进创造了条件。

进入 21 世纪，2001 年上海市嘉兴污水处理排海顶管工程，采用直径为 2m 的钢筋混凝土顶管，单次顶进 2060m。2008 年无锡长江引水工程，单次顶进 2500m，采用直径为 2.2m 的钢管顶进。2011 年上海市青草沙水源地原水工程严桥支线工程，采用钢筋混凝土顶管，直径已达到 3.6m。国内顶管发展情况见表 1.2-2，我国超千米长距的顶管工程见表 1.2-3。

国内顶管发展情况   表 1.2-2

时间	地点	工程、事件	施工方法	顶管材料	特点
1953 年	北京	西郊行政区污水管工程，0.9m 直径	人工挖掘顶进	铸铁管	小直径、设备简陋
1964 年	上海	进行大口径机械式顶管的试验，直径 2m，一次顶进 120m	机械式掘进		尝试使用中继间
1967 年	上海	研制成功直径 700～1050mm 的小直径遥控土压式机械顶管机	机械式掘进		小直径、遥控土压式、液压纠偏系统
20 世纪 70 年代	国内	开始发展长距离顶进技术，以满足大直径管道穿越江河	机械式掘进		大直径
1978 年	上海	研制成功三段双铰型工具管和挤压法顶管			长距离、适于软黏土和淤泥质黏土
1981 年	宁波	穿越甬江的管道工程，顶进 581m	机械式掘进		长距离顶进成熟、首次成功应用中继间
1985 年	国内	引进日本 DN800 二型遥控顶管掘进机			
1987 年	上海	引入计算机控制等先进技术，黄浦江过江引水管道工程	机械式掘进	钢管	大直径 3m、长距离 1120m
1988 年	上海	研制成功 DN2720 多刀盘土压平衡掘进机			新设备开始广泛应用
1989 年	汕头	汕头市自来水厂过海输水顶管工程，顶进 1140m	机械式掘进	钢管	创造顶进距离新纪录
1989 年	上海	一期合流污水工程施工，引进德国大直径混凝土顶管技术	机械式掘进	混凝土管	大直径顶管得到较大发展
1992 年	上海	研制成功国内第一台加泥式直径 1440mm 的土压平衡式掘进机			20 世纪 90 年代，我国顶管技术基本处于世界先进水平
1996 年	上海	黄浦江上游引水工程，管道内径 3.5m，单向顶进 1743m	机械式掘进	钢管	长距离、计算机监控、大直径
2001 年	嘉兴	污水处理排海顶管工程，顶进长度 2060m	机械式掘进	钢筋混凝土	长距离
2008 年	无锡	长江引水工程，顶进 2500m	机械式掘进	钢管	长距离
2011 年	上海	青草沙水源地原水工程严桥支线工程，直径 3.6m，顶进 1960m	机械式掘进	钢筋混凝土	大直径、长距离

我国若干超过千米长距的顶管工程   表 1.2-3

年份	工程名称	管径(mm)	顶管材料	一次顶进距离(m)
1987	上海南市水厂过江管	3000	钢管	1120
1989	汕头自来水厂过海管	2000	钢管	1140
1991	上海合流污水一期管	3500	混凝土管	1285
1993	上海奉贤污水排海管	1600	混凝土管	1511
1993	深圳污水管华侨城段	2200	混凝土管	1053
1995	厦门污水排海管	1800	钢管	1060
1995	深圳妈湾污水排海管	2400	钢管	1682
1995	上海上游引水陇西支线管	2200	钢管	1290
1995	常熟长江取水	1600	钢管	1300
1997	上海上游引水长桥支线管	3500	钢管	1715
1997	海口市污水处理(海洋处理)工程	2000	钢管	1332
1999	上海奉贤污水排海	1600	混凝土管	1330
1999	海南污水排海管	3000	钢管	1330
1999	济南引黄穿越黄河顶管	1800	钢管	1098
2001	浙江嘉兴污水排海管	2000	混凝土管	2050
2002	西气东输穿越黄河	1800	钢管	1259
2003	西气东输穿越黄河(3~4)	1800	钢管	1166
2003	西气东输穿越黄河(1~3)	1800	钢管	1175
2003	西气东输穿越黄河(4~5)	1800	钢管	1295
2004	广州南州水厂顶管工程	3000	钢管	1420
2005	上海临港新城给水排水管网及污水处理一期 B4 标	2000	钢筋混凝土管	1622
2007	南京化学工业园水业有限公司 60 万吨取水(一期)单项工程	1800	钢管	1200
2007	珠海平岗泵站供水配套工程 11 标磨刀门水道过江顶管	2400	钢管	1342
2008	汕头第二条过海水管续建工程	2000	钢管	2080
2008	上海市北京西路至华夏西路电力电缆隧道三标 12、13 号井顶管工程	3500	钢筋混凝土管	1289
2008	常熟长江取水	1800	钢管	1200
2009	丹阳长江江中取水管延伸工程	1800	钢管	1701
2010	上海青草沙水源地原水工程严桥支线工程(QYZ-C4 标)	3000	钢管	1960
2012	白龙港	4000	钢筋混凝土管	2039.82

从表 1.2-3 可知,最近 20 年,随着城市建设和改造项目的增多,顶管工程在我国各个城市都得到了广泛的应用。顶管施工技术无论在施工理论,还是在施工工艺方面,都有了突飞猛进的发展,各种新方法、新工艺不断出现,这也带动了顶管技术在我国的发展。

同时有关顶管工程的理论也逐步发展起来。

1.3 顶管工程的研究现状

顶管施工技术的发展已有一百多年的历史。进入 20 世纪 80 年代后，因为顶管法中的管道所具有的双重作用的优越性，再加上中继环接力和泥浆减阻技术的成熟和广泛应用，顶管法在一些发达国家得到迅速发展，涌现出一大批大直径、长距离的顶管工程。由于交通运输法律的限制，多年来最大直径停留在 3.0m，直到最近几年才突破了这个瓶颈，达到了 3.5m。

顶管施工在中国的发展经历了近 50 年的时间。1978 年，上海市基础工程公司成功研制出三段双铰型工具管，完成了百米以上的长距离顶管施工。进入 20 世纪 80 年代，随着三段铰工具管的研制成功与顶管技术的日益成熟，我国已成功完成了一大批长距离或超长距离的顶管工程。

随着顶管施工技术的逐步发展，目前面临着顶管长度越来越长、顶管直径越来越大、顶管施工地下空间越来越复杂、非常规穿越领域越来越宽广、环保要求越来越高等问题。随着我国经济持续稳定地增长，城市化进程将进一步加快，我国的地下管线的需求量也在逐年增加。随着人们对环境保护意识的增强，顶管技术将在我国地下管线的施工中起到越来越重要的地位和作用。顶管非开挖技术的发展必将向规模化、规范化、国际化的方向发展。

在目前的顶管设计与施工中，顶管机型的智能化程度、管道和工作井结构性能分析、开挖面土体稳定性、顶进过程中的减阻泥浆套形成情况和顶管穿越掘进微扰动控制技术等是其中相对比较重要的几个方面。

1.3.1 管道和工作井结构性能分析

管道结构性能分析研究主要有苏联的普罗托基亚卡诺夫提出的卸荷拱计算模型、美国太沙基土压力模型以及美国马斯顿土压力模型。大多数国家都采用太沙基土压力模型。美国混凝土管道协会的计算机程序 SPIDA 是对土壤与管道相互作用采用有限元分析设计的软件。国外计算作用在沉井结构上的作用力一般采用经典的 Coulomb 和 Rankine 土压力理论。这些方法均假设主动土体达到极限状态的临界条件，而未考虑结构的实际位移影响。此外，在分析顶管顶力作用下反力墙的结构性能时，一般不考虑沉井其他面的摩阻力对反力的贡献。

目前国内在该领域的研究较少，国内关于管道结构性能方面的分析主要是对管顶土荷载的几种计算模型比较，国内关于顶管井结构性能方面的分析主要是根据经验对顶管井后背土压力的几种简化计算模型分析，都缺乏完善的理论，且缺少试验数据对理论分析和经验分析的支撑。现行很多关于顶管的国家或行业标准均是参考国外资料来制定，虽经多年实践使用，但依然没有实测数据进行分析论证。

1.3.2 开挖面土体稳定

对于开挖面稳定性在盾构中研究得较多，主要包括开挖面控制时支护压力大小的确定、极限支护压力大小的确定、开挖面破坏模式的研究、开挖面支护压力控制与施工对周围环境影响的理论研究等，在这些方面盾构与顶管具有很大的共性。目前，开挖面稳定性理论研究主要侧重于开挖面极限支护压力的确定。国内外学者在分析开挖面失稳破坏模式的基础上，采用解析法、模型试验、数值分析等方法提出了许多计算模型。

1.3.3 减阻泥浆套

管道顶进时，在管土之间填充膨润土泥浆，不仅会大大降低顶推箱涵的阻力，还可以减少对土体的扰动，有助于减少地表沉降。注浆浆液的类型目前有两大类：双液浆液和单液浆液。其各有优缺点，目前中国是多种类型的浆液均有使用。浆液材料是关系到注浆成败的关键，关系到注浆成本、施工控制、注浆效果和隧道的质量等。注浆材料的研制也一直没有停止过，不同的地质情况、施工工艺和设备等都需要不同浆液相匹配。

目前研究和应用的注浆材料普遍存在的问题为：凝胶时间可调性不好，易堵管；浆体稳定性低，易离析泌水，倾析率大，可使用时间短；充填性不好，充填性、流动性、固结强度三者之间不相匹配；注浆材料早期强度低，抗渗等级不高，高水压饱水条件下体积变形大，固结率不高，抗水分散性能差，溶蚀率大。

1.3.4 顶管穿越掘进微扰动控制技术

在顶管建设过程中，出现了越来越多的顶管穿越地面建筑的工程，穿越城市密集区的机会和范围越来越大，且沿线一般存在大量地下城市生命线工程和地上敏感建（构）筑物，顶管就不可避免地需要从其下部或旁侧近距离穿越。目前，顶管法施工在通常情况下已经能够较好地预测并控制顶管顶进对周围环境所造成的影响，但在高灵敏度软土地层中的顶管施工对土体产生的扰动，会造成较大的地层移动，引起建筑物基础的不均匀沉降及上部结构的附加变形，可能导致建筑物开裂甚至破坏、倒塌。尤其是穿越对变形极为敏感的建筑物，如严重倾斜的危旧房屋，施工不当很可能会对建筑物造成破坏性的影响，施工风险较大。因此，为保护工程周边临近房屋的安全，在穿越过程中，施工参数的控制必须精益求精、严格管理，实现真正意义上的微扰动控制。

众多的顶管近距离穿越地面建筑工程不仅对施工技术提出了非常严格的要求，也带来了相当高的相关保护措施费用，增加了建设的成本。目前，针对在软土中顶管近距离穿越地面建筑物，尤其是对变形极为敏感的危房等情况，所做的研究还很少。因此，对该特殊情况进行深入而细致的研究，显得非常必要和紧迫，对于我国的地铁建设和城市地下空间开发利用，具有非常重要的现实意义。

2 超大直径钢筋混凝土顶管设计

2.1 管道结构上的作用

"作用"就是通常所说的荷载，但是温度变化和顶管轴线偏差等都会使管道产生应力，温度变化和轴线偏移不是荷载而是"作用"。

2.1.1 作用的分类和作用代表值

顶管结构上的作用，可分为永久作用和可变作用两类。

永久作用是指不随时间变化的作用，它包括管道结构自重、竖向土压力、侧向土压力、管道内水重和顶管轴线偏差引起的作用。

可变作用是指可能会随着时间变化的作用，它包括管道内的水压力、管道内形成的真空压力、地面堆积荷载、地面车辆荷载、地下水和温度变化作用。

顶管结构设计时，对不同性质的作用采用不同的代表值。

对永久作用，采用标准值作为代表值。

对可变作用，根据设计要求采用标准值、组合值或准永久值作为代表值。

对可变作用的组合为可变作用标准值乘以作用组合系数；可变作用准永久值为可变作用标准值乘以准永久值系数。

当顶管结构承受两种或两种以上可变作用时，承载能力极限状态设计或正常使用极限状态设计按短期效应的标准组合设计，可变作用应采用组合值作为代表值。

考虑管道变形和裂缝的正常使用极限状态按长期效应组合设计，可变作用应采用准永久值作为代表值。

2.1.2 永久作用标准值

（1）管道结构自重

管道结构自重标准值可按式（2.1-1）计算：

$$G_{1k} = \gamma \pi D_0 t \tag{2.1-1}$$

式中　G_{1k}——单位长度管道结构自重标准值（kN/m）；

t——管壁设计厚度（m）；

γ——管材重度，钢管可取 $\gamma = 78.5 \text{kN/m}^3$；混凝土管可取 $\gamma = 26 \text{kN/m}^3$；玻璃钢夹砂管可取 $\gamma = 22 \sim 14 \text{kN/m}^3$；其他管材按实际情况取值；

D_0——钢管管道的计算直径，按圆心至管壁中心线计算（m）。

（2）土的自重

黏性土、砂土及卵石 $16 \sim 18 \text{kN/m}^3$；烧结砖 19kN/m^3；水泥空心砖 10kN/m^3。

（3）管内水的自重

一般取 $10kN/m^3$，输送污水时，根据具体情况可取 $10.3\sim10.5kN/m^3$。

（4）土压力的计算

作用在顶管上的土压力不同于埋管上的垂直土压力。顶管管周的土为原状土，而埋管管周的土为填土。用计算埋管的土压力公式计算顶管是不妥当的。在《给水排水工程顶管技术规程》CECS 246：2008 出版之前，顶管设计计算一般参照普罗托基亚卡诺夫的理论公式或《给水排水工程管道结构设计规范》GB 50332—2002 的公式计算。

根据《给水排水工程顶管技术规程》CECS 246：2008 的计算公式：

1）作用在管道上竖向土压力，当管顶覆盖层厚度小于或等于 1 倍管外径或覆盖层均为淤泥时，管顶上部竖向土压力标准值按式（2.1-2）计算：

$$F_{sv.k1}=\sum_{i=1}^{n}\gamma_{si}h_i \qquad (2.1-2)$$

管拱背部的竖向土压力可近似化成均布压力，其标准值为式（2.1-3）：

$$F_{sv.k2}=0.125\gamma_{si}R_2 \qquad (2.1-3)$$

式中 $F_{sv.k1}$——管顶上部竖向土压力标准值（kN/m^2）；

$F_{sv.k2}$——管拱背部竖向土压力标准值（kN/m^2）；

γ_{si}——管道上部各土层重度（kN/m^3），地下水位以下应取有效重度；

h_i——管道上部各土层厚度（m）；

R_2——管道外半径。

2）当管顶覆土层不属于上述情况时，管顶上部竖向土压力标准值按式（2.1-4）～式（2.1-6）计算：

$$F_{sv.k3}=C_j(\gamma_{si}B_t-2c) \qquad (2.1-4)$$

$$B_t=D_1\left[1+\tan\left(45°-\frac{\varphi}{2}\right)\right] \qquad (2.1-5)$$

$$C_j=\frac{1-\exp\left(-2K_a\mu\frac{H_s}{B_t}\right)}{2K_a\mu} \qquad (2.1-6)$$

式中 $F_{sv.k3}$——管顶竖向土压力标准值（kN/m^2）；

B_t——管顶上部土层压力传递至管顶处的影响宽度（m）；

C_j——顶管竖向土压力系数；

D_1——管道外径（m）；

φ——管顶土的内摩擦角（°），此处的 φ 角为管顶和管周土的原状土摩擦角；

c——可靠的土的黏聚力（kN/m^2），可取地质报告中的最小值；

H_s——管顶至地面埋置深度（m）；

$K_a\mu$——原状土的主动土压力系数和内摩擦系数的乘积，一般可取 0.13，饱和黏土可取 0.11，砂和砾石可取 0.165。

3）作用在管道中心的侧向土压力，标准值可按下列几种条件分别计算：

当管道处于地下水位以上时，侧向土压力标准值可按式（2.1-7）计算主动土压力：

$$F_{h,k}=\left(F_{sv.ki}+\frac{\gamma_{si}D_1}{2}\right)K_a \qquad (2.1-7)$$

式中 $F_{h,k}$——侧向土压力标准值（kN/m^2），作用在管中心；

K_a——主动土压力系数，$K_a = \tan^2\left(45° - \dfrac{\varphi}{2}\right)$。

当管道处于地下水位以下时，侧向土压力标准值应采用水土分算，土的侧压力按式（2.1-7）计算，重度取有效重度；地下水压力按静水压力计算，水的重度可取 $10kN/m^3$。

2.1.3 地下水压力

地下水位是变动的，随着季节的变化而变化。勘察资料上通常是写勘探所见地下水位，这个水位不能作为使用依据，应当使用探井长期观察的结果。

顶管计算中采用水土分算，当覆盖层厚度不变时，地下水位高时土的有效作用比地下水位低时小，应取最低地下水位计算土压力。地下水对管道的作用可以近似认为管道均匀受压。地下水的重度可取 $10kN/m^3$。

2.1.4 管道内水压力设计值

管道内的水压力，分为满管时的静水压力、管内水的工作压力和设计水压力。水的工作压力是指管道内水的正常运行水压力。设计水压力是指压力水管的试验压力。设计水压力考虑了运行期间水锤作用。

管道设计水压力的标准值，可按表 2.1-1 采用。准永久值系数可取 0.7，但不得小于工作压力。

<table>
<tr><td colspan="3" style="text-align:left;">压力管道内设计水压力标准值　　　　　　　　　　　　　　表 2.1-1</td></tr>
<tr><th>管材类型</th><th>工作水压力</th><th>涉及水压力（MPa）</th></tr>
<tr><td>焊接钢管</td><td>F_{wk}</td><td>$F_{wk} + 0.5 \geqslant 0.9$</td></tr>
<tr><td>混凝土管</td><td>F_{wk}</td><td>$(1.4 \sim 1.5)F_{wk}$</td></tr>
<tr><td>玻璃纤维增强塑料夹砂管</td><td>F_{wk}</td><td>$(1.4 \sim 1.5)F_{wk}$</td></tr>
</table>

2.1.5 地面车辆荷载与地面堆载

地面堆载传递到管顶的竖向压力标准值可取 $10kN/m^2$，车辆轮压传递到管顶处的竖向压力标准值可按相关公式确定。一般顶管埋置较深，当埋置深度大于 5m 时可以不计。管顶覆盖层大于 2m 时，可不计轮压冲击系数。地面堆积荷载与车轮荷载不考虑同时作用，可取大值计算。

2.1.6 温度作用

由于顶管处于地下较深位置，2m 以下的温度通常是恒定的，就我国南方而言，大致在 $15 \sim 20℃$。顶管设计时，考虑管内输送的水体温度与覆盖层下邻近土体温差。输送水的温度随季节温度变化而变化，但是当管道进入地下以后，水温将随管道进入的长度增加而不断调节。管道受温度差的影响在进出水管处较大，远离进出水管处逐渐变小。无论什么材质的管道，只要是分节的均不考虑温度作用，只有整体的焊接管道才考虑温度作用。根据经验，对钢质顶管的温度作用考虑 20℃温差。当钢顶管设置若干伸缩缝接头时，应力已经失效，可以不考虑温度作用产生的应力。如果钢管设计已考虑温度应力，则不必再设置伸缩接头。

2.1.7 真空压力

管道在运行过程中可能形成真空压力，其标准值可取 0.05MPa。

2.1.8 准永久值系数

验算柔性管道长期变形和刚性管道裂缝宽度时需要使用准永久值。
可变作用的准永久值系数见表 2.1-2。

可变作用的准永久值系数 表 2.1-2

作用名称	准永久值系数ψ_q
设计内水压力	0.7
地面堆积荷载与车轮轮压	0.5
温度作用	0
真空压力	0

2.1.9 超大直径混凝土顶管结构上的土压力

1. 管顶垂直土压力取值分析

图 2.1-1～图 2.1-3 分别给出了不同覆土厚度、不同摩擦角和不同管径条件下，有限元计算得到的管顶土压力与不同垂直土压力计算方法的比较。可见，管顶土压力在浅埋阶段与顶管规程相近，随着埋深的增加，土压力增加得越来越慢，最终将趋于稳定；内摩擦角对管顶垂直土压力的影响不太明显，与顶管规程相似。随着 φ 的增大，拱效应越来越强；随着管径增大，管顶处接触压力逐渐增大，表明土拱效应在逐渐减弱，但趋势很缓慢，这与太沙基理论等相同。

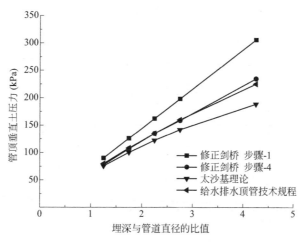

图 2.1-1 管顶覆土厚度改变时有限元与各理论比较

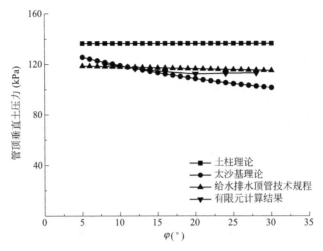

图 2.1-2　内摩擦角变化时有限元与各理论比较

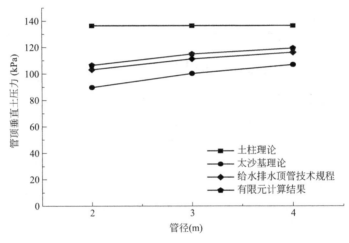

图 2.1-3　不同管径有限元与各理论比较

表 2.1-3 中列出了管顶管底土压力的变化量。管径越大，管顶土压力变化量越小，但管底土压力的变化量越来越大。

管顶管底土压力变化　　　　　　　　　　　表 2.1-3

管径		2m	3m	4m
管顶	步骤-1	136.4kPa	136.4kPa	136.4kPa
	步骤-4	106.5kPa	114.9kPa	119.4kPa
	相对变化量	21.9%	15.8%	12.5%
管底	步骤-1	183.7kPa	201.7kPa	219.6kPa
	步骤-4	134.5kPa	143.9kPa	148.3kPa
	相对变化量	26.8%	28.6%	32.5%

综上分析，不同理论在不同参数下垂直土压力的变化表现出不同的趋势，但总体上看

出，有限元计算结果与太沙基理论和顶管规程计算的结果都比较接近，其差值不会太大。所以建议顶管的垂直土压力值仍然按照顶管规程的方法计算，当管顶上方地面有荷载时，可将该荷载转换为等效的覆土厚度后再按规程计算。

2. 侧向土压力取值分析

图 2.1-4～图 2.1-6 分别给出了管道中心标高处土压力有限元的计算结果，随着埋深、内摩擦角和管径的变化的情况。随埋深增加，顶管中心标高处的水平土压力变化较小。埋深较小时，施工完成后的土压力相比初始状态会稍微增大；当埋深逐渐增大时，施工完成后的土压力相比初始状态又会稍微减小，且该差距会越来越大，该趋势与顶管规程相同。随着 φ 的增大，管侧初始水平土压力逐渐减小，施工之后的水平土压力也呈现这个趋势，但两者之间的差距却一直减小，该趋势与顶管规程稍有差异；随着管径的增加，由于埋深不变，管道中心标高处的水平土压力会相应增大，图中三条线的增长趋势相同，但顶管规程的计算值比有限元的结果小。

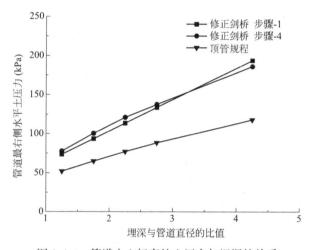

图 2.1-4 管道中心标高处土压力与埋深的关系

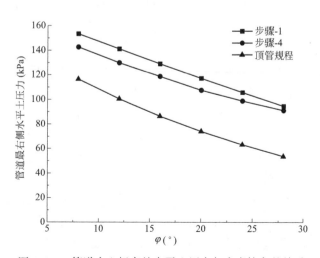

图 2.1-5 管道中心标高处水平土压力与内摩擦角的关系

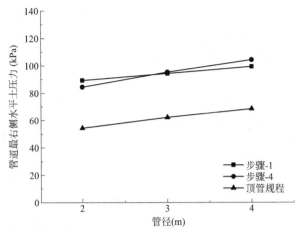

图 2.1-6　管道中心标高处水平土压力与管径的关系

以顶管内径 4m，埋深 7.58m 为例，考虑注水运行的侧向土压力，图 2.1-7 为土体在步骤-4 和步骤-6 的水平变形云图。图 2.1-8 为单管顶进过程中的侧压力变化，其中在步骤-4 到步骤-6 中，由于水重力的加入使得压力曲线下移。

图 2.1-9 为管道中心标高处侧向土压力值的比较分析，比较了有限元计算（FEM 步骤-4）、日本隧道规范、我国顶管规程等结果。结果表明：相对于顶管规程，有限元计算值要大得多，且随着埋深的越来越大，两者差异也越大。而日本规范计算的侧向土压力变化趋势与顶管规程相似，且比顶管规程的计算值大，但比有限元的计算值仍然要小。日本隧道规范和土柱高度主动土压力的结果相近。

《给水排水工程顶管技术规程》CECS 246:2008 中管侧土压力的计算方法为式(2.1-8)。

$$\sigma_k = (\sigma_v + \gamma D/2)K_a - 2c\sqrt{K_a} \tag{2.1-8}$$

式中　σ_v——管顶竖向土压力；

　　K_a——主动土压力系数，$K_a = \tan^2(45° - \varphi/2)$。

式(2.1-8)基于太沙基土拱理论得到，其基本假设是土拱效应将包围整个管道。为讨论此理论假设问题，将太沙基理论、马斯顿理论、规范所用简化太沙基理论和有限元的分析结果综合比较见图 2.1-10。

太沙基理论：土拱效应的影响使得 $P_1 < \gamma h$，即为 $p_v + \gamma R$，而由于土体开挖的影响，系数 K 将会小于静止土压力系数 K_0，故取 $K = K_a$。

马斯顿理论：P_2 为原状土层土柱压力，但系数 K 同样也会因开挖作用而小于静止土压力系数 K_0，故取 $K = K_a$，保守来看为 $P_H = K_a \cdot \gamma h$。

我国规范：由于取 $B_t = D_1[1 + \tan(45° - \varphi/2)]$，上部土拱效应不能完全包住管道中心侧面，该处水平土压力与马斯顿理论一样为 $P_H = K_a \cdot \gamma h$。

有限元分析中，管道中心标高处不受土拱作用影响，其水平土压力同上为 $P_H = K_a \cdot \gamma h$。

以上分析表明：土拱作用并不能包含整个管道，我国顶管规程计算竖向土压力时，水平土压力不宜按拱内土重进行计算，否则将明显偏小，过于保守。对此修正可考虑两种方式：①采用德国和日本方法，增大侧向土压力系数；②管中心标高处的竖向土应力计算不考虑土拱效应，而采用土柱压力。

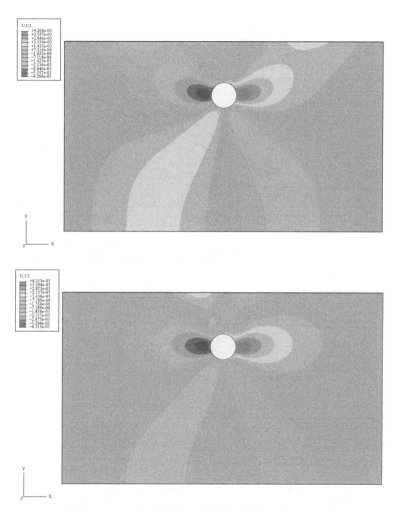

图 2.1-7 土体在步骤-4 和步骤-6 的水平变形云图

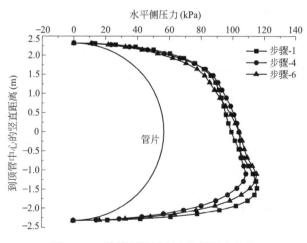

图 2.1-8 单管顶进过程中的侧压力变化

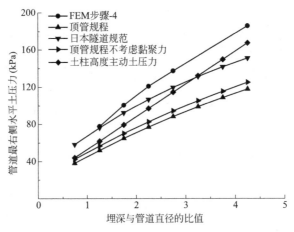

图 2.1-9 管道中心标高处土压力与埋深的关系

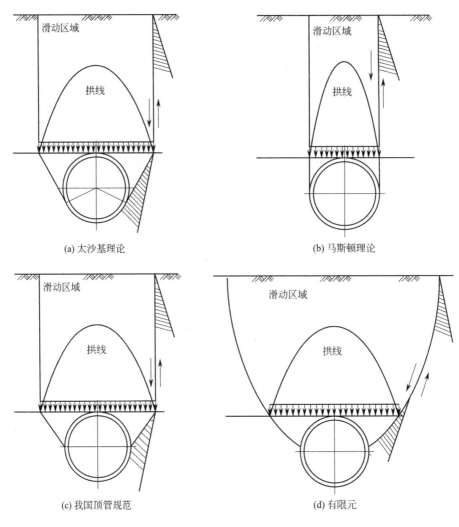

图 2.1-10 不同理论分析结果图

3. 地基反力取值分析

管底的土压力属于被动抗力，其大小既与上部荷载形式有关，也与下部土基条件有关。若不计管道重力的作用，则施工结束时管道土压力的分布如图 2.1-11 所示，这些曲线基本上都是左右且上下对称的，其变化趋势也必与垂直土压力的变化趋势相同，故管底的土压力值可取为与管顶的土压力值相同。

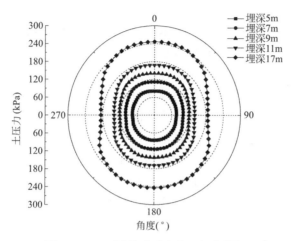

图 2.1-11　不计管道重力的土压力分布

2.2　管道结构设计

2.2.1　设计规定

（1）管道结构采用以概率理论为基础的极限状态设计方法，以可靠指标度量管道结构的可靠度，除管道的稳定验算外，均应采用分项系数的设计表达式进行设计。

（2）钢管及玻璃纤维增强塑料夹砂管应按柔性管计算；钢筋混凝土管应按刚性管计算。

（3）管道结构设计应计算下列两种极限状态：

承载能力极限状态：顶管结构纵向超过最大顶力破坏，管壁因材料强度被超过而破坏；柔性管道管壁界面丧失稳定；管道的管壁结构因顶力超过材料强度破坏。

正常使用极限状态：柔性管道的竖向变形超过规定限值；钢筋混凝土管道裂缝宽度超过规定限值。

2.2.2　作用效应的组合设计值

作用效应的组合设计值，按式（2.2-1）确定：

$$\gamma_{G1}C_{G1}G_{1k}+\gamma_{G,sv}C_{sv}F_{sv,k}+\gamma_{Gh}C_hF_{h,k}+\gamma_{Gw}C_{Gw}G_{wk}+$$
$$\varphi_c\gamma_Q(C_{Q,wd}F_{wd,k}+C_{Qv}Q_{vk}+C_{Qm}Q_{mk}+C_{Qt}F_{tk}) \tag{2.2-1}$$

式中　　　　　　γ_{G1}——管道结构自重作用分项系数，可取 $\gamma_{G1}=1.2$；

$\gamma_{G,sv}$——竖向水土压力作用分项系数，可取 $\gamma_{G,sv}=1.27$；

γ_{Gh}——侧向水土压力作用分项系数，可取 $\gamma_{Gh}=1.27$；

γ_{Gw}——管内水重作用分项系数，可取 $\gamma_{Gw}=1.2$；

γ_Q——可变作用的分项系数，可取 $\gamma_Q=1.4$；

$C_{G1}、C_{sv}、C_h、C_{Gw}$——分别为管道结构自重、竖向和侧向水土压力及管内水重的作用效应系数；

$C_{Q,wd}、C_{Qv}、C_{Qm}、C_{Qt}$——分别为设计内水压力、地面车辆荷载、地面堆积荷载、温度变化的作用效应系数；

G_{1k}——管道结构自重标准值；

$F_{sv,k}$——竖向水土压力标准值；

$F_{h,k}$——侧向水土压力标准值；

G_{wk}——管内水重标准值；

$F_{wd,k}$——管内设计内水压力标准值；

Q_{vk}——车行荷载产生的竖向压力标准值；

Q_{mk}——地面堆积荷载作用标准值；

F_{tk}——温度变化作用标准值；

φ_c——可变荷载组合系数，对柔性管道取 $\varphi_c=0.9$；对其他管道取 $\varphi_c=1.0$。

2.2.3 各种工况的作用组合

各种工况的作用组合见表 2.2-1。

各种工况的作用组合表　　　　　　　　　　　　表 2.2-1

管材	计算工况	永久作用			可变作用		
		管自重 G_1	竖向和水平土压力 F_{sv}	管内水重 G_w	管内水压 F_{wd}	地面车辆荷载或堆载 $Q_v、Q_m$	温度作用 F_t
钢管	空管期间	√	√			√	
	管内满水	√	√	√		√	√
	使用期间	√	√	√	√	√	√
混凝土管	空管期间	√	√			√	
	管内满水	√	√	√		√	
	使用期间	√	√	√	√△	√	

注：1. 玻璃纤维增强塑料夹砂管可参照钢管组合；
　　2. △指压力管。

2.2.4 柔性管道稳定验算

对柔性钢管管壁截面进行稳定验算时，各项作用取标准值，并应满足稳定系数不低于2.0，管壁稳定作用组合按表2.2-2规定采用。

管壁稳定验算作用组合 表 2.2-2

永久作用	可变作用		
竖向土压力	地面车辆或堆积荷载	真空压力	地下水
√	√	√	√

2.2.5　钢筋混凝土管道

验算钢筋混凝土管道构件截面的最大裂缝开展宽度时，按准永久组合作用计算。作用效应的组合设计值按式(2.2-2)确定：

$$S = \sum_{i=1}^{m} C_{Gi}G_{ik} + \sum_{j=1}^{n} \psi_{qj}C_{qj}Q_{jk} \qquad (2.2-2)$$

式中　ψ_{qj}——第 j 个可变作用的准永久值系数，按《给水排水工程顶管技术规程》CECS 246：2008 第 6.3 节的有关规定采用；

C_{Gi}、C_{qj}——永久荷载和可变荷载作用效应系数；

G_{ik}、Q_{jk}——永久荷载和可变荷载标准值。

钢筋混凝土管道在准永久组合作用下，最大裂缝宽度不应大于 0.2mm，当输送腐蚀性液体及管周水土有腐蚀性时须有防腐措施。

2.2.6　柔性管道在准永久组合作用下长期竖向变形允许值

（1）内防腐为水泥砂浆的钢管、现抹水泥砂浆后顶管时，最大竖向变形不应超过 $0.02D_0$；顶管后再抹水泥砂浆时，最大竖向变形不应超过 $0.03D_0$。如果在水泥砂浆中适当掺入抗裂纤维，变形限值可以放宽。

（2）内防腐为延性良好的涂料的钢管，其最大竖向变形不应超过 $0.03D_0$。

（3）玻璃纤维增强塑料夹砂管最大竖向变形不应超过 $0.05D_0$。

2.3　管道强度计算和稳定验算

2.3.1　钢管强度计算

由于钢管的横向和纵向均受力，需要计算组合折算应力。钢管管壁截面的最大组合折算应力应满足式(2.3-1)～式(2.3-4)的要求。

$$\eta\sigma_\theta \leqslant f \qquad (2.3-1)$$

$$\eta\sigma_x \leqslant f \qquad (2.3-2)$$

$$\gamma_0\sigma \leqslant f \qquad (2.3-3)$$

$$\sigma = \eta\sqrt{\sigma_\theta^2 + \sigma_x^2 - \sigma_\theta\sigma_x} \qquad (2.3-4)$$

式中　σ_θ——钢管管壁横截面最大环向应力（N/mm²）；

σ_x——钢管管壁的纵向应力（N/mm^2）；

σ——钢管管壁的最大组合折算应力（N/mm^2）；

η——应力折减系数，可取 $\eta=0.9$；

f——管材的强度设计值；

γ_0——管道的重要性系数，给水工程单线输水管取1.1；双线输水管和配水管取1.0；污水管道取1.0；雨水管道取0.90。

2.3.2 钢管管壁横截面的最大环向应力 σ_θ

按式(2.3-5)～式(2.3-7)确定

$$\sigma_\theta=\frac{N}{b_0 t_0}+\frac{6M}{b_0 t_0^2} \tag{2.3-5}$$

$$N=\varphi_c\gamma_Q F_{wd,k}r_0 b_0 \tag{2.3-6}$$

$$M=\varphi\frac{(\gamma_{G1}k_{gm}G_{1k}+\gamma_{G,sv}k_{vm}F_{sv,k}D_1+\gamma_{Gw}k_{wm}G_{wk}+\gamma_Q\varphi_c k_{vm}Q_{ik}D_1)r_0 b_0}{1+0.732\dfrac{E_d}{E_p}\left(\dfrac{r_0}{t_0}\right)^3} \tag{2.3-7}$$

式中　　b_0——管壁计算宽度（mm），取1000mm；

φ——弯矩折减系数，有内水压时取0.7，无内水压时取1.0；

φ_c——可变作用组合系数，可取0.9；

t_0——管壁计算厚度（mm），试用期间计算时设计厚度应扣除2mm，施工期间及试水期间可不扣除；

r_0——管的计算半径（mm）；

M——在荷载组合作用下钢管管壁截面上的最大环向弯矩设计值（N·mm）；

N——在荷载组合作用下钢管管壁截面上的最大环向轴力设计值（N）；

E_d——钢管管侧原状土的变形模量（N/mm^2）；

E_p——钢管管材弹性模量（N/mm^2）；

k_{gm}、k_{vm}、k_{wm}——分别为钢管管道结构自重、竖向土压力和管内水重作用下管壁截面的最大弯矩系数，可取土的支承角为120°，按相关规范确定；

D_1——管外壁直径（mm）；

Q_{ik}——地面堆载或车载传递至管道顶压力的较大标准值。

2.3.3 钢管管壁的纵向应力

可按式(2.3-8)、式(2.3-9)核算

$$\sigma_x=\nu_p\sigma_\theta\pm\varphi_c\gamma_Q\alpha E_p\Delta T\pm\frac{0.5E_p D_0}{R_1} \tag{2.3-8}$$

$$R_1 = \frac{f_1^2 + \left(\frac{L_1}{2}\right)^2}{2f_1} \tag{2.3-9}$$

式中 ν_p——钢管管材泊松比，可取 0.3；

    α——钢管管材线膨胀系数；

    ΔT——钢管的计算温度差（℃）；

    R_1——钢管顶进施工变形形成的曲率半径（mm）；

    f_1——管道顶进允许偏差（mm），应符合《给水排水工程顶管技术规程》CECS 246：2008 表 13.2.1 的规定，按相关规范确定；

    L_1——出现偏差的最小间距（mm），视管道直径和土质决定，一般可取 50mm。

式(2.3-8)的最后一项是考虑顶管轴线发生偏移的应力。

2.3.4 混凝土管道在组合作用下，管道横截面的环向内力可按式(2.3-10)(2.3-11) 计算

$$M = \gamma_0 \sum_{i=1}^{n} k_{mi} P_i \tag{2.3-10}$$

$$N = \sum_{i=1}^{n} k_{ni} P_i \tag{2.3-11}$$

式中 M——管道横截面的最大弯矩设计值（N·mm/m）；

    N——管道横截面的轴力设计值（N/m）；

    γ_0——圆管的计算半径（mm），即自圆管中心至管壁中心的距离；

    k_{mi}——弯矩系数，应根据作用类别取土的支承角为 120°，按相关规范确定；

    k_{ni}——轴力系数，应根据作用类别取土的支承角为 120°，按相关规范确定；

    P_i——作用在管道上的第 i 项作用设计值（N/m）。

2.3.5 玻璃纤维增强塑料夹砂管的强度应按式(2.3-12)～式(2.3-14) 计算

$$\gamma_0 \eta_1 (\varphi_c \sigma_{th} + \alpha_f r_c \sigma_{tm}) \leqslant f_{th} \tag{2.3-12}$$

$$\gamma_0 \varphi_c \sigma_{th} \leqslant f_{th} \tag{2.3-13}$$

$$\gamma_0 \sigma_{tm} \leqslant f_{tm} \tag{2.3-14}$$

式中 σ_{th}——管道内设计水压力产生的管壁环向等效折算拉伸应力设计值（MPa）；

    σ_{tm}——在外压力作用下，管壁最大的环向等效折算弯曲应力设计值（MPa）；

    f_{th}——管材的环向等效折算抗拉强度设计值（MPa）；

    f_{tm}——管材的环向等效折算抗弯强度设计值（MPa）；

    α_f——管材的环向折算抗拉强度设计值与等效折算抗弯强度设计值的比值；

    r_c——管道的压力影响系数，对重力流排水管道应取 1.0，对有压力管道可按表 2.3-1 取值。

管道压力影响系数　　　　　　　　　　　　　　　　　　表 2.3-1

管道工作压力(MPa)	0.2	0.4	0.6	0.8	1.0
r_c	0.93	0.87	0.80	0.73	0.67

2.3.6　关于强度计算的讨论

（1）各种工况组合表中，没有列入顶管施工期间的工作工况。在施工期间为了减阻，必须在顶管顶进过程中加注减阻泥浆。管道与管周土体之间存在有一定压力的减阻泥浆充填，施工期间管道处于悬浮状态，管道承受均匀的压应力。如果顶进施工停顿，泥浆压力降到零，这种状态的受力可按"空管期间"工况进行分析。

（2）土压力计算时应采用水土分算，不采用水土合算。因为水压力对管道作用是均匀的，而土压力竖向作用和水平作用是不同的，水土合算不适用于管道计算。

（3）顶管周围的土是原状土，土压力计算时一般应采用勘察报告的 φ、c 值，不用折算摩擦角，更不要忽略 c 值，否则计算出的土压力偏大。

（4）钢管的强度计算时，如果准备设置伸缩缝，则不必考虑温度差引起的纵向应力。

（5）钢管计算要分别考虑工况条件。顶管区间的计算不应扣除 2mm 的腐蚀厚度；对于取水管在运行时空管的可能性小，验算空管管道的变形时，规定的限制值可以放宽。

（6）混凝土管道裂度开展的限制宽度也应视管道的运行状况决定。

1）规范规定的最大裂缝宽度是指长期运行工况，应审视长期的可能性。

2）0.2mm 的裂缝宽度限制值指潮湿的环境，如管道验算的受力面长期处于干燥环境中，则最大裂缝限制宽度可以按干燥环境取值。

（7）《给水排水工程顶管技术规程》CECS 246:2008 给出的管道强度计算公式，适用于正常施工条件。非正常条件下的施工，如顶管出洞时发生叩头或预制管节的管道接头处未设置木垫圈等，发生管道的破坏属于工程事故。

2.4　管道接口性能分析与设计

2.4.1　接口形式

钢筋混凝土管的接口按连接方式分为刚性接口和柔性接口，在顶管工程中一般采用柔性接口。柔性接口可分为承插口、钢承口、企口、双插口和钢承插口。

在钢筋混凝土管顶管工程中，经过多年的实践证明，在顶管工程中 F 形钢承口钢筋混凝土管的使用效果是最好的、应用范围是最广的，接口形式见图 2.4-1。

考虑到工程应用中 F 形钢承口钢筋混凝土管存在接口渗漏的实际情况以及 4m 钢筋混凝土管接口的重要性，且其承受一定内压，拟采用双密封圈止水的接口形式，接口形式见图 2.4-2、图 2.4-3。

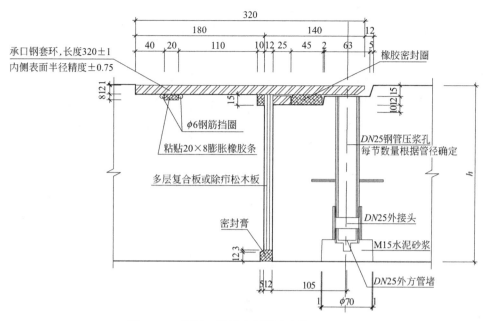

图 2.4-1　钢承口管单密封圈止水接口（mm）

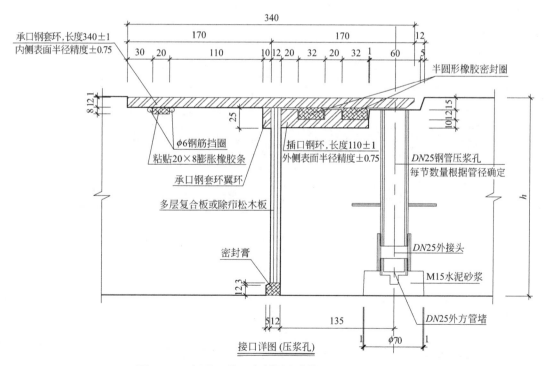

图 2.4-2　钢承口管双密封圈止水接口一（mm）（一）

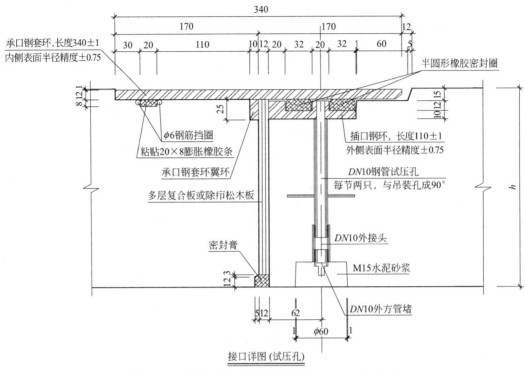

图 2.4-2　钢承口管双密封圈止水接口一（mm）（二）

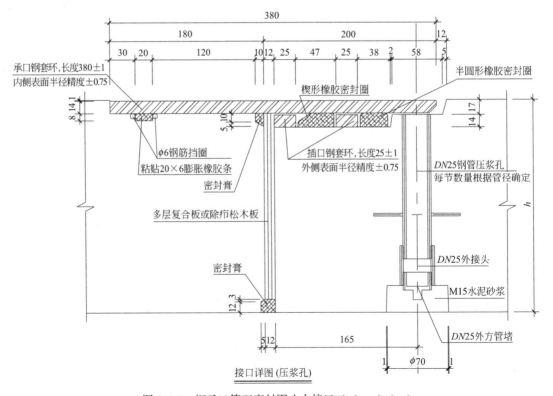

图 2.4-3　钢承口管双密封圈止水接口二（mm）（一）

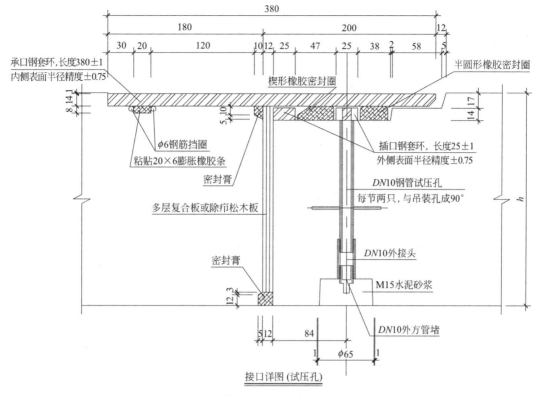

图 2.4-3　钢承口管双密封圈止水接口二（mm）（二）

2.4.2　橡胶密封圈

橡胶密封圈材料主要有天然橡胶、氯丁橡胶、三元乙丙橡胶等。

天然橡胶的弹性较高，在通用橡胶中仅次于顺丁橡胶。天然橡胶的格林强度可达1.4～2.5MPa。天然橡胶撕裂强度也较高，可达98kN/m，其耐磨性也较好，是一种较好的绝缘材料。

氯丁橡胶具有良好的强度性能、优良的耐老化性能、优异的耐燃性、优良的耐油、耐溶剂性能等特点。

乙丙橡胶具有低密度高填充性、耐老化性、耐腐蚀性、耐水蒸气、耐过热水性能等特点。

橡胶材料应根据工程实际需求出发，结合各个材料的物理性能特点进行选择。由于天然橡胶的耐腐蚀性能较差，在污水管道中不宜采用。三元乙丙橡胶材料的各项性能最好，但价格较高，性价比较差。氯丁橡胶的各项性能较好，且价格适中，性价比最高，推荐采用。

2.4.3　接口止水试验的试件与设备

1. 管材

在 2010.7.8～2010.8.12 上海浦东混凝土制品有限公司为科研项目试制了 6 节管材作为科研试验管节。试制管节的尺寸参数见图 2.4-4。

超大直径钢筋混凝土顶管设计与施工技术及应用

试件编号　0001　　生产日期　2010.7.8

检验项目	序号	检验内容		检测点数	A-A′	B-B′	C-C′	D-D′	测点图示
几何尺寸	1	内径(mm)		4	3999	3998	3999	4000	
	2	长度(mm)		4	2506	2508	2505	2504	
	3	壁厚(mm)		2	$H_1=320$		$H_2=321$		
	4	承口工作面(mm)	L_2	4	201	200	198	198	
	5		D_3	4	4609	4612	4609	4608	
	6	插口工作面(mm)	D_1	4	4577	4578	4577	4578	
	7		D_2	4	4599.5	4601	4600	4602	
	8		L_1	4	199	200	200	199	
	9	端面倾斜度(%)		2	$K_1=0.1$		$K_2=0.1$		

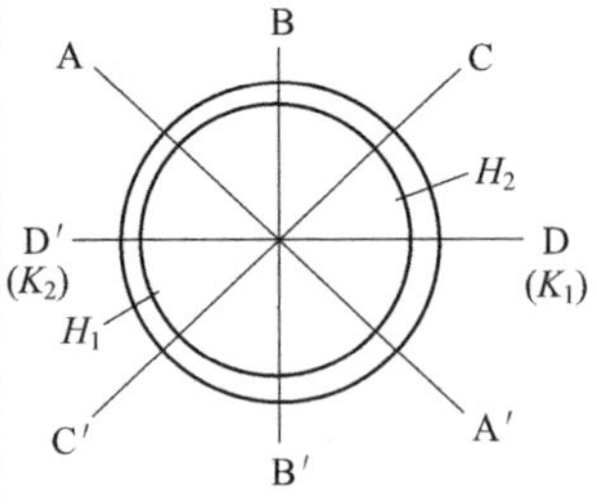

(a)

试件编号　0002　　生产日期　2010.7.15

检验项目	序号	检验内容		检测点数	A-A′	B-B′	C-C′	D-D′	测点图示
几何尺寸	1	内径(mm)		4	3999	3999	4000	3999	
	2	长度(mm)		4	2507	2509	2508	2509	
	3	壁厚(mm)		2	$H_1=319$		$H_2=320$		
	4	承口工作面(mm)	L_2	4	199	199	198	200	
	5		D_3	4	4609.5	4611	4610	4610	
	6	插口工作面(mm)	D_1	4	4579	4578	4577	4577	
	7		D_2	4	4600	4601	4600	4601	
	8		L_1	4	201	199	200	200	
	9	端面倾斜度(%)		2	$K_1=0.1$		$K_2=0.1$		

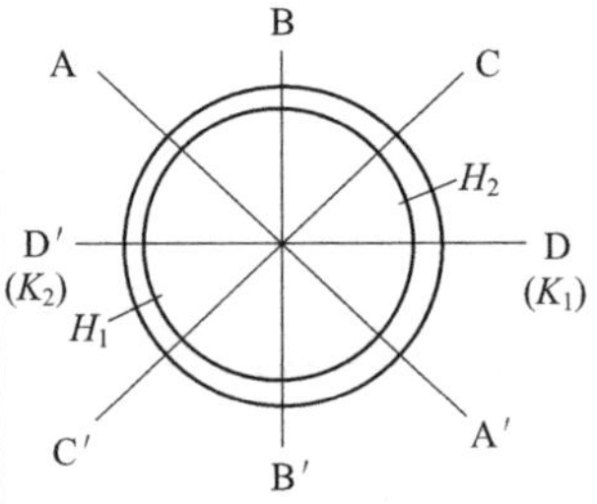

(b)

试件编号　0003　　生产日期　2010.7.20

检验项目	序号	检验内容		检测点数	A-A′	B-B′	C-C′	D-D′	测点图示
几何尺寸	1	内径(mm)		4	4000	3998	3998	4000	
	2	长度(mm)		4	2505	2507	2508	2505	
	3	壁厚(mm)		2	$H_1=321$		$H_2=320$		
	4	承口工作面(mm)	L_2	4	198	197	199	198	
	5		D_3	4	4609.5	4610	4610	4611	
	6	插口工作面(mm)	D_1	4	4579	4578	4577	4578	
	7		D_2	4	4600	4601	4602	4601	
	8		L_1	4	198	198	199	199	
	9	端面倾斜度(%)		2	$K_1=0.1$		$K_2=0.1$		

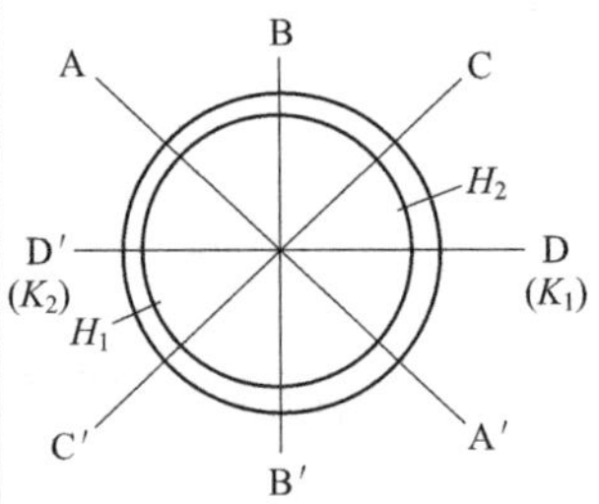

(c)

图 2.4-4　试制管节的尺寸参数（一）

试件编号　　0004　　　　生产日期　2010.8.5

检验项目	序号	检验内容		检测点数	A-A′	B-B′	C-C′	D-D′	测点图示
几何尺寸	1	内径(mm)		4	3999	3999	4000	4001	
	2	长度(mm)		4	2506	2509	2507	2506	
	3	壁厚(mm)		2	$H_1=320$		$H_2=320$		
	4	承口工作面(mm)	L_2	4	199	201	199	199	
	5		D_3	4	4609	4610	4609	4611	
	6	插口工作面(mm)	D_1	4	4578	4578	4579	4578	
	7		D_2	4	4602	4603	4603	4603	
	8		L_1	4	198	199	199	199	
	9	端面倾斜度(%)		2	$K_1=0.1$		$K_2=0.1$		

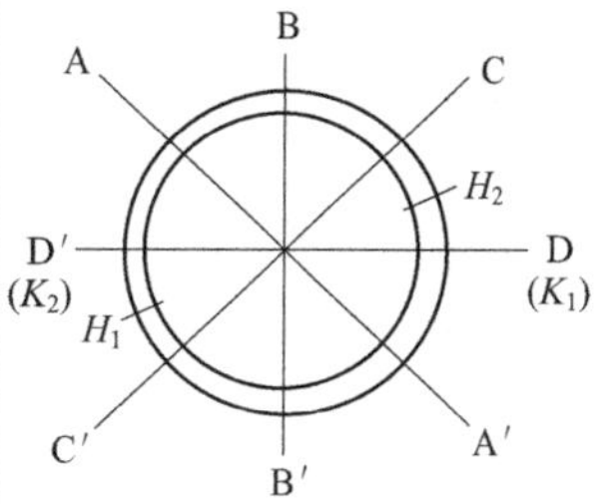

(d)

试件编号　　0005　　　　生产日期　2010.8.11

检验项目	序号	检验内容		检测点数	A-A′	B-B′	C-C′	D-D′	测点图示
几何尺寸	1	内径(mm)		4	4000	4000	4002	3999	
	2	长度(mm)		4	2506	2508	2508	2505	
	3	壁厚(mm)		2	$H_1=319$		$H_2=320$		
	4	承口工作面(mm)	L_2	4	200	199	199	200	
	5		D_3	4	4609.5	4610	4609	4610	
	6	插口工作面(mm)	D_1	4	4578	4579	4579	4577	
	7		D_2	4	4602.5	4601	4602	4602	
	8		L_1	4	199	199	198	200	
	9	端面倾斜度(%)		2	$K_1=0.1$		$K_2=0.1$		

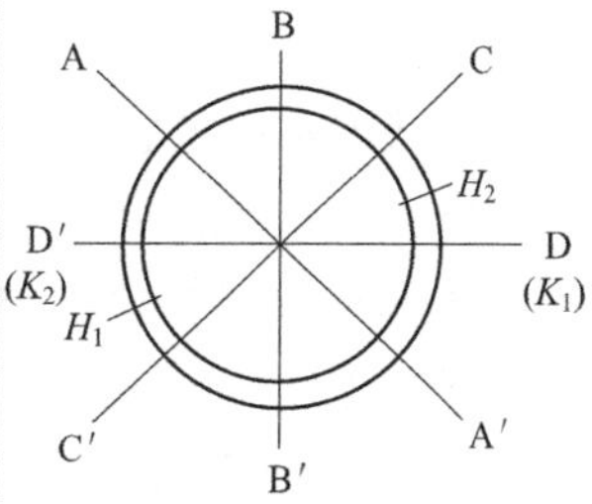

(e)

试件编号　　0006　　　　生产日期　2010.8.12

检验项目	序号	检验内容		检测点数	A-A′	B-B′	C-C′	D-D′	测点图示
几何尺寸	1	内径(mm)		4	4001	3999	3999	4000	
	2	长度(mm)		4	2507	2508	2507	2506	
	3	壁厚(mm)		2	$H_1=319$		$H_2=319$		
	4	承口工作面(mm)	L_2	4	200	199	199	198	
	5		D_3	4	4609	4610	4610	4609	
	6	插口工作面(mm)	D_1	4	4578	4579	4579	4579	
	7		D_2	4	4601	4602	4601	4602	
	8		L_1	4	199	199	200	200	
	9	端面倾斜度(%)		2	$K_1=0.1$		$K_2=0.1$		

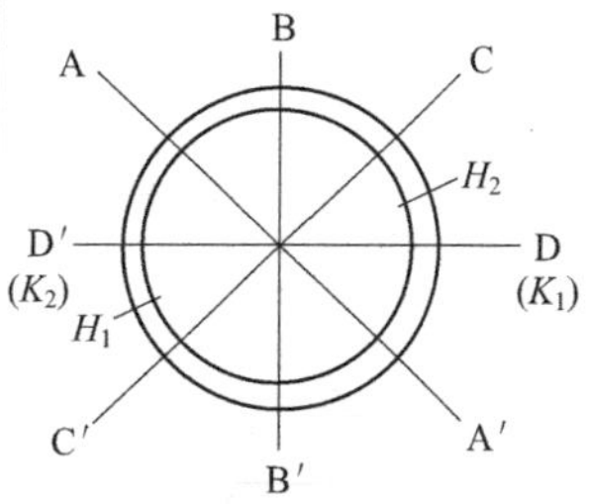

(f)

图 2.4-4　试制管节的尺寸参数（二）

2. 环状内水压试验架

环状内水压试验架见图 2.4-5。

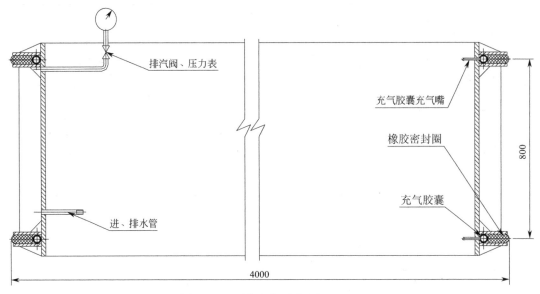

图 2.4-5 环状内水压试验架（mm）

环状内水压试验架由一只直径 D_S 比试验混凝土管内径 D_0 小 10mm 的环状钢架、充气胶囊、环状橡胶密封圈组成。环状钢架上装有压力表、排汽阀、进水阀等附件，进水阀由一根耐压橡胶管道与电动试压泵连接。考虑到环状钢架在充注水压力时腔体内将有 0.3MPa 以上的水压，水的密闭将由橡胶止水圈与管体内壁混凝土面共同组成，充气胶囊应能承受 1.0MPa 的气压。

测定环状钢架腔体内的水压，要排尽腔体内的空气后，才能使用压力表进行测量。

3. 环状外水压试验架

环状外水压试验架见图 2.4-6。

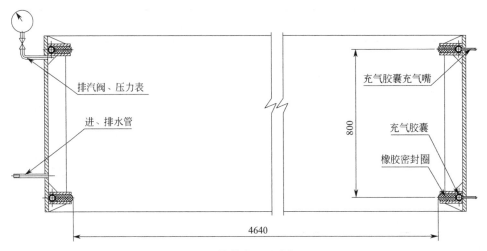

图 2.4-6 环状外水压试验架（mm）

环状外水压试验架的设计类似环状内水压试验架，仅是环状钢架的直径 D'_s 比试验混凝土管的外径 D_W 大 10mm，钢架腔体内的水压密度由橡胶止水圈与管体外壁混凝土面共同组成。

测定环状钢架腔体内的水压，排尽腔体内的空气后，才能使用压力表进行测量。

4. 接口止水试验拉力定位架

接口止水试验拉力定位架见图 2.4-7。

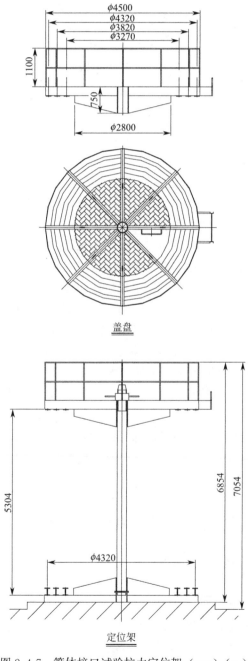

盖盘

定位架

图 2.4-7 管体接口试验拉力定位架（mm）（一）

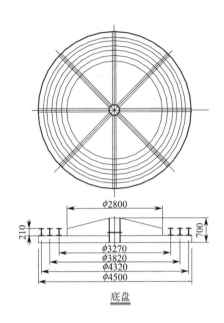

底盘

图 2.4-7　管体接口试验拉力定位架（mm）（二）

管体接口试验拉力定位架体由底盘、上盖盘、单根拉杆组成，两根试验的钢筋混凝土样管在底盘上的承托圈梁上定位，按施工工作状态承插口对接，承口向下，接口向上竖直对接。在两根管节接口端面之间衬上厚度为 12mm，应力、应变曲线符合设计要求的松木衬垫或木衬垫后压上盖盘，底盘和盖盘用单根拉杆与螺母拉结。

底盘应承受两节管节的自重（每节管节按 30t 计）、拉杆的最大设计拉力按内径为 φ4000 管两节对接，内水压试验接口上浮托力按 5kg/cm² 计算（拉杆的轴向拉力按≥310t 计），螺杆、螺母预紧力取 5% 最大上浮力考虑。底盘采用工字钢制作，承托圈梁亦用工字钢弯制，圈梁工字钢的宽度比混凝土管承口端面窄 2cm。考虑底盘中间拉杆在试验过程中会引起拉应力的变形，安全系数按最大拉应力的 1.5 倍取值，设置 8 道钢直梁。

底盘结构定位在预先浇筑的圆形钢筋混凝土基础上，混凝土基础按承载 100t 考虑。基础的四周留有 1.5m 的通道便于操作人员作业。基础面高出地面 20cm，锥形坡向排水。

上盖盘四周设置安全走道和护栏。

（1）压力表：

测量范围 0～1MPa，精确度 0.15 级，分度值 0.01MPa。

（2）电动试压泵：

型号：SB—36/2.5（压力 2.5MPa）。

5. 橡胶密封圈特征

楔形橡胶密封圈外形尺寸见图 2.4-8。

半圆形橡胶密封圈外形尺寸见图 2.4-9。

橡胶为氯丁橡胶，邵氏硬度为 45 度、50 度。

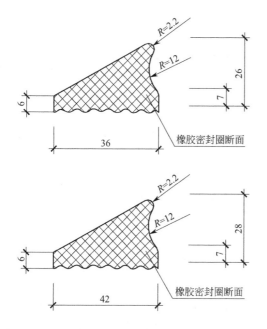

图 2.4-8　楔形橡胶密封圈外形尺寸（mm）　　图 2.4-9　半圆形橡胶密封圈外形尺寸（mm）

2.4.4　接口止水试验方法

1. 接口内水压反向击穿强度试验

用以检验橡胶密封圈在最不利工况下的水密性能，试验方法为：

（1）待管壁近钢承口钢环一侧沟槽内涂上的双组份聚硫密封胶固化后，将有效长度为 2.5m 的管材插口工作面的基槽内清理干净后，涂上 202 氯丁橡胶粘结剂，将橡胶密封圈按设计图的要求套在插口端的工作面上。

（2）将其中插口工作面固定橡胶密封圈的管材，在拉力定位架上就位，并在插口端面沿圆周均匀铺放 12mm 木衬垫后，将另一根有效长度为 2.5m 管材的钢承口以模拟施工状态插入该管的插口内，竖直状态对接，拧紧拉力定位架上的拉力螺母。

（3）沿环状内压试验架两根橡胶止水带和管体内壁就位部位贴上一层厚度为 2mm 的粘性橡胶片，保证环状内压架充入水压后不泄漏。

（4）将环状内压试验架就位，并在环状内压试验架与管体接触面上的两根橡胶密封圈内缓缓地充入压缩空气，逐渐达到 1.0MPa。

（5）向环内向水压试验架钢体与试验管内壁的空腔内注水，打开压力表上的排汽阀，待排汽阀内排尽空气流出水后，关闭排汽阀。

（6）用电动试压泵向注满水的环状内水压试验架钢体与试验管内壁空腔内加注水压，最高水压按内水工作压力的两倍计。按每升压 0.1MPa 持荷恒压 2min 进行升压。

（7）观察接口处楔形橡胶密封圈和半圆形橡胶密封圈的工作状况。

（8）酌情继续用电动泵加水，观察橡胶密封圈的渗水状况。

（9）压力值升至两节竖向对接的试验管插口处出现泄漏，水压无法保持时，即为内水压反向击穿值。

2. 接口承受最大外水压强度试验

用以检验管体接头在内水压为零时承受外水压，接头的密水性能，试验方法为：

（1）将两根试验的钢筋混凝土管按接头内水压击穿试验的方法对接。

（2）在管子接头部分管体外壁一侧将环状外水压试验架安装在管体承插口钢套环。

（3）向环状外水压试验架钢体与试验管节外壁的空腔内注水，打开压力表上的排汽阀，排尽空气流出水后，关闭排汽阀。

（4）用电动试压泵向注满水的环状内压试验架钢体与试验管节外壁的空腔内加注水压，每升压 0.1MPa 持荷恒压 2min 进行。

（5）观察接口处橡胶密封圈的工作状况。

（6）压力值升至试验管节插口内壁出现渗漏，水压无法保持时，该值即为管体接头承受最大外水压值。

3. 接口转角试验

接口转角试验用以检验管体在顶进施工过程中出现曲线顶进或顶进纠偏，在确保接头止水密闭性能的条件下，可能承受的最大转角（设计最大转角为 0.3°）。试验方法为：

（1）将两根试验的钢筋混凝土管按接头内水压击穿试验方法对接。在先行就位的管子插口部分任选一个半圆（或 1/3 圆），按转角要求填上一定厚度的垫衬材料（木衬），再按圆周均匀铺放 12mm 木衬垫，使上、下两节管子对接后形成一定的倾角（倾角可按 0.3°、0.5°设置）。

（2）将环状内水压试验架就位，并在环状内水压试验架与管体接触面上的两根止水橡胶圈内缓缓地充入压缩空气至 1.0MPa。

（3）向环向内水压试验架钢体与试验管体内壁的空腔内注水，打开压力表上的排汽阀，排尽空气流出水后，关闭排汽阀。

（4）用电动试压泵向注满水的环状内水压试验架钢体与试验管体内壁的空腔内加注水压，按每升压 0.1MPa 持荷恒压 2min 进行。最高内水压值设定为 0.30MPa。

（5）观察管体接口处橡胶密封圈的工作状况。

4. 两根止水橡胶密封圈工作状况的测试

（1）试件准备

按设计图制作两节在插口工作面第二道橡胶密封圈止退环凸台中心、沿圆周 180°布置预埋两根直径为 10mm 的空心钢管作为试验孔的钢筋混凝土管节，钢管试验孔贯穿整个管材插口部分的混凝土壁厚层。管材制作完成后经蒸汽养护，养护龄期达到 14d 后，作为试件。

（2）试验方法

①将两根试验管节按正常工作状态对接，对接方法同接头内水压击穿强度试验、管体接头转角试验。

②将管体插口部分预先设置的两根外径为 ϕ10mm 的试压孔，分别与加设阻尼水管的电动试压泵和压力表连接。

③在与电动试压泵连接的一根试压孔内加注自来水，另一根与压力表连接的试压孔内流出清水后，关闭压力表上的排汽阀，启动电动试压泵逐渐升压。

④按每升压 0.05MPa 持荷恒压 2min 进行。

观察半圆形橡胶密封圈和楔形橡胶密封圈的工作状况。

2.4.5 接口止水试验

1. 试验管节抽样

从制成的 6 根试件管节中随机任选抽取 2 根，选定表 2.4-1 0002 号、0003 号作为试验管节，0005 号、0006 号作为备用管节。

2. 橡胶密封圈组合的形式

根据项目试验的要求确定了 6 种橡胶密封圈组合的形式，分别为：单根楔形、单根半圆形、一根楔形在前一根半圆形在后、一根半圆形在前一根楔形在后、两根楔形、两根半圆形橡胶密封圈。

3. 橡胶密封圈伸长率的选择

为了确定合理的橡胶密封圈伸长率，选择以单根 42×28 楔形橡胶密封圈作为密封件进行接口内水反向击穿试验，伸长率分别为 15%、14%、12%，进行了 3 组试验，试验如下：

按橡胶密封圈伸长率 15% 计算，橡胶密封圈的长度定为 12500mm，套入管体插口后实测橡胶密封圈高度为 25mm，则压缩比 $B=(25.0-16)/25\approx36\%$，试验数据如表 2.4-1 所示。

条件：伸长率 15%，橡胶密封圈长度 12500mm，压缩比 36%　　　表 2.4-1

水压值(MPa)	持荷时间(min)	接口状况
0.10	5	良好
0.15	5	良好
0.20	3	出现渗漏
0.25	2	压力不能维持
0.30	—	—

按橡胶密封圈伸长率 14% 计算，橡胶密封圈的长度定为 12610mm，套入管体插口后实测橡胶密封圈高度为 26mm，则压缩比 $B=(26-16)/26\approx38.5\%$，试验数据如表 2.4-2 所示。

条件：伸长率 14%，橡胶密封圈长度 12610mm，压缩比 38.5%　　　表 2.4-2

水压值(MPa)	持荷时间(min)	接口状况
0.10	5	良好
0.15	5	良好
0.20	5	良好
0.25	5	良好
0.30	3	出现渗漏

按橡胶密封圈伸长率 12% 计算，橡胶密封圈的长度定为 12870mm，套入管体插口后实测橡胶密封圈高度为 27mm，则压缩比 $B=(27-16)/27\approx40.7\%$，试验数据如表 2.4-3 所示。

条件：伸长率 **12%**，橡胶密封圈长度 **12870mm**，压缩比 **40.7%**   表 2.4-3

水压值(MPa)	持荷时间(min)	接口状况
0.10	5	良好
0.15	5	良好
0.20	5	良好
0.25	5	良好
0.30	10	良好

根据试验结果，我们选定了拉伸率为 12% 左右，定长为 $L = 12870$mm 的橡胶密封圈。

4. 试件基本数据

（1）试验管节

管体插口工作面平均直径（测量 8 点）$R_{ck} = 4578$mm，周长 14374mm。

管体承口工作面直径（测量 8 点）$R_{tk} = 4610$mm。

管体承插口工作面空隙尺寸：(4610−4578)/2=16mm。

（2）橡胶圈

橡胶圈长度为定长 $L = 12870$mm；截面分为楔形、半圆形，邵氏硬度 45 度、50 度。

橡胶圈伸长率：(14374−12870)/12870＝0.1169≈12%。

42×28 楔形橡胶圈套入插口工作面后高度 $B_1 = 27$mm

压缩比 $\beta_1 = (27-16)/27 = 0.407 \approx 40.7\%$

36×26 楔形橡胶圈套入插口工作面后高度 $B_2 = 25$mm

压缩比 $\beta_2 = (25-16)/25 = 0.36 = 36\%$

32×24 半圆形橡胶圈套入插口工作面后高度 $B_3 = 23$mm

压缩比 $\beta_3 = (23-16)/23 = 0.304 \approx 30.4\%$

5. 接口内水压反向击穿强度试验

根据接口内水压反向击穿强度试验方法，对邵氏硬度 45 度的橡胶圈进行了 6 组不同截面组合形式试验，对邵氏硬度 50 度的橡胶圈进行了 3 种不同截面组合形式的试验。

6. 接口承受最大外水压强度试验

根据接口承受最大外水压强度试验方法，对邵氏硬度 45 度的橡胶圈进行了 5 组不同截面组合形式试验，试验数据见表 2.4-4。

5 组不同截面组合试验结果   表 2.4-4

橡胶圈组合形式(mm)	耐压值(MPa)	耐压时间(min)
双根楔形	0.50	10
前楔形后半圆形	0.50	10
前半圆形后楔形	0.50	10
单根楔形	0.50	10
单根半圆形	0.50	10

7. 接口转角试验

在本次进行的水击穿内水压试验过程中，采用两根楔形橡胶圈密封接口时管体接头在注水过程中自然形成转角，这是由于在注压达到0.3MPa时两根竖立的管体上浮，一侧上升了16mm，另一侧上升了56mm。

8. 接口橡胶密封圈工作状况的测试

根据接口承受最大外水压强度试验方法，对邵氏硬度45度的橡胶密封圈进行了3组不同截面组合形式试验，试验数据见表2.4-5和试验照片见图2.4-10。

3组不同截面组合形式试验结果　　　　　　　　　　　　　　　表2.4-5

橡胶密封圈组合形式	耐压值(MPa)	耐压时间(min)
前楔形后半圆形	0.32	10
前楔形后楔形	0.3	10
前半圆形后楔形	0.3	10

图2.4-10　接口橡胶密封圈工作状况试验

9. 接口止水试验小结

从现场试验情况看，橡胶密封圈邵氏硬度45度和邵氏硬度50度没有明显的差别。可能是，在气温较高的条件下胶体较软和橡胶密封圈邵氏硬度在制作过程中有一定的离散性。

纵观整个试验过程，管体接口使用双根楔形橡胶圈密封，水压力升至0.3MPa后，能稳定持荷10min。采用单根楔形橡胶圈密封形式，水压升至0.3MPa后，同样能持荷10min，这表明单根楔形橡胶圈和双根楔形橡胶圈同样能达到接口密水的效果。

采用前楔、后半圆形橡胶密封圈，同样也能达到水压升至0.3MPa，持荷稳定10min。采用单根半圆形橡胶密封圈，管体承插口接口显得较为困难，水压升至0.2MPa，接口便发生渗水，持荷3min就无法保持压力。两节管节的承插口脱离后，插口部分单根半圆形橡胶密封圈呈线状扭曲、挤压缺损状态。单根半圆形橡胶密封圈安装在插口上部或下部情况基本相似。

采用前半圆、后楔形橡胶密封圈能够升压至 0.3MPa，但两节管节承插口就位困难，卸荷降压后发现半圆形橡胶密封圈断面呈线状、受挤压缺损状况，显然从状态上分析前面半圆形橡胶密封圈，没能达到止水密封的效果。之所以能够稳压持荷 0.3MPa，是后道楔形橡胶圈在起作用。

采用两根半圆形橡胶密封圈，两根管体承口、插口连接显得较为困难。无法进行试验。

2.4.6 接口性能分析小结

从管体接头水密性能试验结果来看：

（1）在合适的伸长率及压缩比的条件下，接头采用单根楔形橡胶密封圈可以达到预期的密水效果；但从不同伸长率和压缩比的试验情况来看，管道接头的密封性能对伸长率和压缩比比较敏感。

（2）考虑到工程实施及使用过程中的众多不确定性因素，如管节接头生产制作误差、顶管顶进过程中的偏转、使用过程中的不均匀沉降等，建议采用两道密封圈止水。采用两道橡胶圈除加强接头密水性能外，也可以使管体在顶进过程中有一定的定位、定向作用；同时可以通过两道橡胶圈中的试压孔对管道接口的密封性能进行水压试验。

（3）橡胶圈的邵氏硬度 45 度和 50 度试验现场感觉相差不明显，建议气温低于 5℃以下时，施工橡胶圈的邵氏硬度可按 45 度取值。

（4）综合橡胶圈的就位形式。管体插口部分加设了两道橡胶止水圈，但两者之间的压缩比并不一致，相差近 6%～10%，建议考虑两者压缩比的统一。压缩比控制在 40%左右。橡胶圈的伸长率控制在 11.5%～12.5%。

（5）两根楔形橡胶圈与一根楔形在前、一根半圆形在后的橡胶圈组合效果几乎相同，但从工程应用角度看，采用两根楔形橡胶圈，便于管体承插口就位和确保橡胶圈在工程使用中的可靠性。半圆形橡胶圈无论何种组合，经安装总会出现线状扭曲、缺损的现象。

（6）考虑管道接口的密封性能受橡胶圈压缩比的影响较大，建议对承口钢套环在顶管过程中偏转情况下的变形进行研究分析。建议将钢套环的变形控制在 1.0mm 以内，最好能控制在 0.5mm 以内。

2.5 沉井的受力分析

工作井是安放顶进设备和拼接顶管的场所，是顶管顶进始发点，也是工作人员和顶进设备的上下通道。沉井须承受主油缸顶进施工的作用力，要求强度上能满足顶力需要，其刚度还应满足顶进时井体不变形，它的尺寸应能容纳必需的顶管顶进设施。顶管工作井一般以沉井居多，本书以沉井为阐述对象，分析沉井下沉施工过程的受力情况。

2.5.1 沉井允许顶力计算方法

随着顶进推力的增加，沉井的整个受力过程为：当顶力较小时，顶力首先由作用于井壁的静止土压力平衡。随着顶力的增大，顶力一部分由后背土体承担，一部分由井侧壁摩阻力和井底摩阻力承担。当井侧壁摩阻力和井底摩阻力小于静摩阻力时，不产生沉井位移。由于后座井壁的刚度不是无限大，在顶力作用下要产生变形，且与其后部土体的变形保持协调。

1. 矩形沉井

矩形沉井顶进阶段受力分析如图 2.5-1 所示，图中 L 为长度，B 为宽度，F_p 为后壁土体抗力，F_a 为前壁土体主动土压力，$f_{侧壁}$ 为井侧壁摩阻力，$f_{底}$ 为井底摩阻力。下面将分别对以上各作用力的计算方法进行讨论。

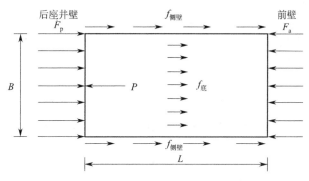

图 2.5-1　矩形沉井受力分析图

（1）后壁土压力 F_p 计算

目前对于矩形沉井后背竖向土体反力的分布形式还不是很清楚，图 2.5-2 中的 4 种分布形式主要可以分为两类：①按挡土墙朗肯被动土压力理论计算，土体反力呈线性分布，如图 2.5-2(1)(3)(4) 所示；②借鉴弹性地基梁法，竖向土体反力简化为 3 部分，如图 2.5-2(2) 所示，最大反力出现在后座墙后面的土体范围内。

在实际施工中，由于顶力较大及后座井壁刚度有限，后座井壁要产生弹性变形，因此后背竖向土抗力可以采用考虑位移的土压力计算方法计算。一般来说，砂土采用水土压力分算，黏性土采用水土压力合算。

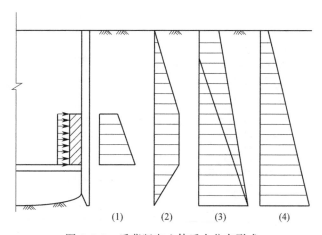

图 2.5-2　后背竖向土体反力分布形式

（2）前壁主动土压力 F_a 计算

根据朗肯主动土压力公式，可得

$$F_a = \frac{1}{2}\gamma BH^2 K_a - 2cBH\sqrt{K_a} + \frac{2Bc^2}{\gamma} \qquad (2.5\text{-}1)$$

式中 K_a——主动土压力系数，$K_a = \tan^2(45° - \varphi/2)$，其余符号含义同前。

（3）井侧壁摩阻力 $f_{侧壁}$ 计算

井侧壁总摩阻力的计算公式为

$$f_{侧壁} = 2\lambda_1 LHf \qquad (2.5\text{-}2)$$

式中 λ_1——折减系数，取 $0.4 \sim 0.7$；

f——土体对沉井的平均摩阻力，可参考下沉摩阻力。

（4）井底摩阻力 $f_{底}$ 计算

井底摩阻力的计算公式为

$$f_{底} = \lambda_2 W\mu \qquad (2.5\text{-}3)$$

式中 λ_2——折减系数，取 $0.6 \sim 0.8$；

W——沉井刃脚平面处土体受到的作用力，等于沉井与井内设备的自重减去地下水浮力；

μ——摩阻系数，黏性土取 $0.25 \sim 0.4$，砂土取 $0.5 \sim 1.0$。

（5）允许顶力验算

根据沉井极限状态下的受力平衡，沉井允许的最大顶力计算公式为

$$F_{\max} = F_p + f_{侧壁} + f_{底} - F_a \qquad (2.5\text{-}4)$$

考虑一定的安全系数 k 后，沉井允许顶力为

$$P \leqslant F_{\max}/k \qquad (2.5\text{-}5)$$

式中 k——安全系数，取 $1.2 \sim 1.6$，土质条件越差，k 取值越大。

2. 圆形沉井

圆形沉井实际上是一筒壳结构，具有很大的刚度，在顶进力反力作用下，沉井后座井壁变形很小，可以假定不变。当顶进力反力很大时，克服阻力作用，沉井产生整体位移，受力如图 2.5-3 所示。

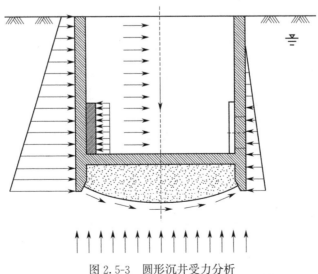

图 2.5-3 圆形沉井受力分析

圆形沉井竖向土体反力计算可按挡土墙朗肯被动土压力理论计算，土体反力近似呈线性分布。后座土体反力和井侧壁摩阻力取后座所在半圆计算，前壁主动土压力取前壁所在半圆计算。

利用圆形沉井井壁作后背时，其后背的土压力分布图形比较复杂，一般假定为空间曲面分布。其中向心余弦的分布形式应用最广泛。其假定为：①假定圆形沉井不发生井体弹性变形，只产生整体位移；②用直线代替圆弧，土体径向位移等于土体最大位移乘以余弦函数；③认为土体的初始应力为零；④假设土体是完全弹性的，其应力-应变关系是线性的；⑤忽略井底摩阻力、井侧壁摩阻力和前壁主动土压力作用，只考虑半个圆环的后座土体反力；⑥假定竖向土体反力呈线性分布。

圆形沉井后背和前壁的土压力合力通过上述分布模式通过线性积分计算，而侧壁摩阻力和井底摩阻力按下述方法计算。

（1）沉井侧壁摩阻力

当沉井下沉时周边土体受到扰动，但土体强度会逐渐恢复。井壁在径向土压力作用下产生移动，会产生井侧壁摩阻力：

$$f_{侧壁} = \lambda_1 2 \int_0^H dz \int_0^{\pi/2} \sigma_a R \tan\delta \sin\alpha \, d\alpha$$

$$= \lambda_1 R \lambda H^2 (0.64K_p + 0.36K_0) \tan\delta + 2.55\lambda_1 RcH \sqrt{K_p} \tan\delta \qquad (2.5\text{-}6)$$

式中　λ_1——摩阻力比例系数，视沉井深度、沉顶时差和设计参数的准确度取 $0.4 \sim 0.7$；

　　　δ——圆形沉井侧壁与土体接触摩擦角，$\delta = 2\phi/3$。

（2）井底摩阻力计算

沿顶进力方向的井底摩阻力为

$$f_{底} = \lambda_2 W \mu \qquad (2.5\text{-}7)$$

式中　λ_2——折减系数，这是考虑刃脚区域内土体受到了扰动，一般取 $0.6 \sim 0.8$；

　　　W——沉井与设备自重减去水浮力；

　　　μ——摩阻系数，一般取 $0.7 \sim 1.0$。

（3）允许顶力验算

根据整体受力平衡，圆形沉井允许的沿顶进方向的最大土体反力为

$$F_{max} = F_p - F_a + f_{侧壁} + f_{底} \qquad (2.5\text{-}8)$$

则圆形沉井允许的顶力值 P 为

$$P \leqslant F_{max}/k \qquad (2.5\text{-}9)$$

式中　k——安全系数，一般取 $1.2 \sim 1.6$。

垂直向分布：当顶力较小时，规范方法和葛春辉法的垂直向分布都只考虑后背土体反力，且满足静力平衡条件，极限状态时则不考虑静力平衡条件；魏纲法在两种状态下都未考虑静力平衡。

水平向分布：矩形沉井的土压力分布3种方法近似，主要是圆形沉井存在差异，规范方法和葛春辉法的两侧土压力都为0，这一点不符合实际。

2.5.2　顶力作用下沉井受力变形三维分析

1. 矩形沉井

矩形沉井深度为 18.9m，宽度 18.2m，顶管中心距地表 12.9m。取土体黏聚力为

10kPa，内摩擦角为15°。

根据魏纲方法，假设后背土体位移曲线为抛物线，计算出沉井允许顶力 $P \leqslant F/k = 76998.3/1.6 = 48124kN$。

模型总尺寸为158.2m×152.2m×60m，土体为均质，弹性模量为15MPa，黏聚力为10kPa，内摩擦角为15°。沉井与土体之间的侧壁最大摩阻力为15kPa，摩擦系数为0.4，底板与土体之间光滑接触。单侧加荷面积为4m×4m。

两边同时加载，并同时加至20000kN，每级加载2500kN。每组千斤顶的最大顶力为20000kN。其加载区域为4m×4m，加载区域的中心与顶管中心重合（图2.5-4）。

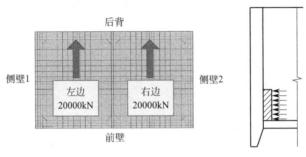

图2.5-4 加载示意图

分别取沉井后部土体的断面1～断面3，分析其土压力分布，其中断面1位于加载区域一的中部，断面2位于沉井的中部，断面3位于加载区域二的中部，而断面4～断面6位于前壁相应的位置。断面7～断面9为后背处的水平断面，断面10～断面12为后背处的水平断面。断面7～断面9分别位于地表以下0m、13.2m、17.88m。断面位置见图2.5-5。

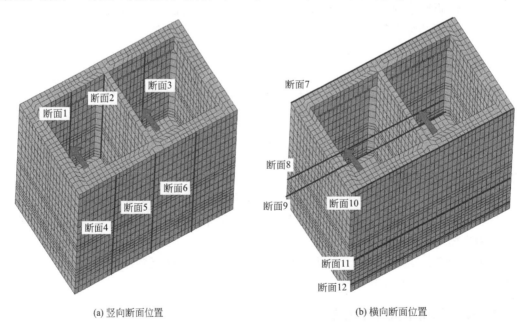

(a) 竖向断面位置   (b) 横向断面位置

图2.5-5 断面位置

在20000kN的顶力作用下，后背土压力增大，但相比静止土压力增量不大。由于断面1、断面3的位移比断面2的位移大，其土压力也相应大于断面2的土压力。若精确计算，可采用考虑土体位移的被动土压力进行计算，假定后座井壁的变形曲线为抛物线，在顶力中心线处位移最大，但其公式比较复杂，不方便应用于一般的工程设计。

观察断面2的土压力分布，可见其土压力为直线分布，墙顶端的土压力值与被动土压力理论值一致，其余部分则与被动土压力值存在一定的差距。

前壁土压力减小，也基本为直线分布，但尚未达到完全主动状态。由于顶部位移较大，前壁顶部土压力为0。

由土压力图2.5-6可见，当单侧顶力为20000kN时，后背土体并未达到极限状态，但由于沉井整体向后位移，沉井后背土体全都受到挤压，因此整体受力，如图2.5-7所示。但反力的合力中心与顶力中心不重合，由此造成的弯矩由刃脚处的侧向土压力和沉井底板的竖向土压力平衡。

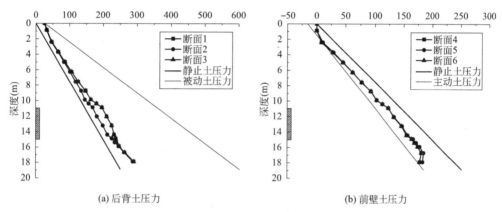

(a) 后背土压力　　　　　　　　　(b) 前壁土压力

图 2.5-6　加载 20000kN 时土压力曲线

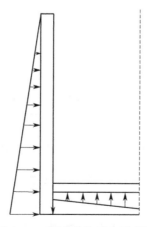

图 2.5-7　沉井整体受力示意图

由图2.5-8可知，在水平断面上土压力基本呈均布状态，加载区域部分土压力稍大。前壁土压力的水平分布也为均布。这是由于有井壁的约束，位于同一深度处的土压力近似均匀分布。

由于沉井的最大顶力是未知的，为获知沉井所能承受的最大顶力及相应的位移、塑性区等，在沉井上施加一较大的顶力 200000kN，实际作用在沉井上的荷载随时间线性增大。

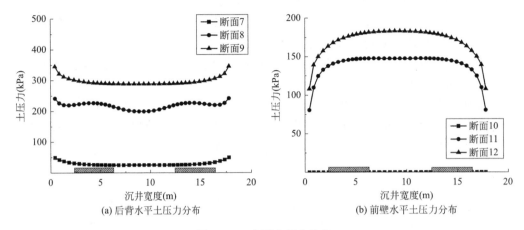

(a) 后背水平土压力分布　　(b) 前壁水平土压力分布

图 2.5-8　水平土压力分布

在每部分加载区域施加最大 200000kN 的顶力，顶力中心处的土体位移发展曲线见图 2.5-9。曲线中出现明显的拐点，说明当单侧顶力在接近 80000kN 时，后背土压力已经达到极限破坏状态，顶力继续增大，土体位移急剧增大。

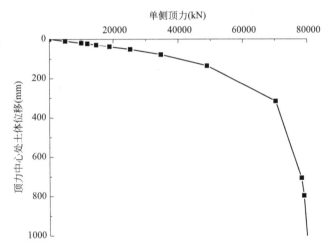

图 2.5-9　顶力中心处的土体位移发展曲线（矩形沉井）

若将土体视作连续介质，则土体破坏面在水平方向上的形状为连续的圆弧状，如图 2.5-10 所示，其在地表处的形状为椭圆，如图 2.5-11 所示，其中沉井井壁宽为 L，井深为 H，根据图中所示的坐标系，可得到该椭圆的方程式（2.5-10）

$$\frac{x^2}{a^2}+\frac{(y-c)^2}{b^2}=1 \tag{2.5-10}$$

式中：$a=\dfrac{\sqrt{L}}{2\sqrt{L+4H}}(L+2H)$;

$$b = \frac{H(L+2H)}{L+4H}\tan(\varphi + \pi/4);$$

$$c = \frac{2H^2}{L+4H}\tan(\varphi + \pi/4)。$$

为便于分析，可将其进行一定的简化后为图 2.5-12，该楔形体为五面体，随着土体深度的减小逐渐向外扩展，平面形状为梯形。

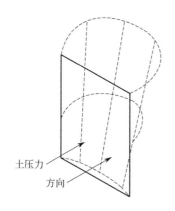

图 2.5-10　连续的圆弧状

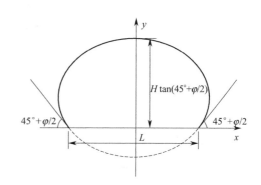

图 2.5-11　地表形状为椭圆

（1）加荷位置对周围土体的影响

上述理论计算结果中顶力中心距地表 12.9m，而沉井深度为 18.9m，所以顶力中心位于沉井 2/3 以下深度处。改变加荷中心距地表 11m，由于网格原因，加荷面积变为 4m×4.5m，即顶力中心位于沉井 2/3 以上深度处。若按理推论，当顶力中心位于沉井 2/3 以上深度处，沉井在超大顶力作用下会发生后仰，上部土体压缩会甚于下部土体，沉井后背滑动体可能会与前者不同。

（2）后背加固对周围土体的影响

沉井在顶力作用下，必然会向后移动，对后背土体造成压缩。若后背土体软弱，既会导致顶力不足，也可能会使沉井在顶力过大时发生偏斜等，影响控制精度。因此，

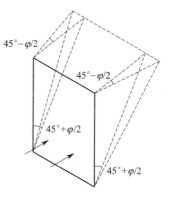

图 2.5-12　沉井后背滑动
破坏体简化形状

可适当对沉井后背的土体进行加固处理，通常所采用的加固方式为搅拌桩加固。图 2.5-13(b)、(c) 为理论计算中采用的两种加固方式，加固方式一中的加固区域为

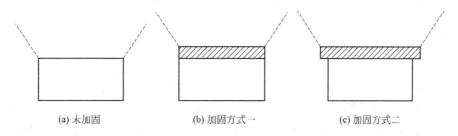

(a) 未加固　　　　　　　(b) 加固方式一　　　　　　　(c) 加固方式二

图 2.5-13　不同加固方式的后背影响区域

4.2m×18.2m，与沉井等宽等深，加固方式二中的加固区域为 4.2m×24m，超出沉井宽度，仍与沉井等深。顶力大小及加荷位置与前文相同，取加固区的弹性模量为 200MPa。

图 2.5-14 为顶力中心处的土体位移发展曲线，采用不同的加固方式对土体位移影响显著。由前文分析可知，沉井后背受影响的土体是以一定的扩散角向外延伸出去的，而顶力也主要靠这部分区域提供。

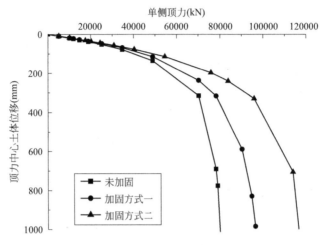

图 2.5-14 顶力中心处的土体位移发展曲线

采用加固方式一加固区域位于滑动体内，并不会使影响区域向后移动，由于后背土体强度增大，使沉井的承载力增大。而加固方式二由于加固区外伸，截断了原有的土体滑移线，使后背影响区域向两边扩展，即给沉井提供顶力的后背土体区域也增大，同时土体强度也增大，因此，采用加固方式二的沉井承载力有很大的提高。

偏心顶进分四步进行，加载区域为 4m×4m，左右侧加载中心分别距沉井左端 4.3m、13.9m：

步骤 1：左侧逐渐加载至 20000kN，分 8 级加载；

步骤 2：右侧逐渐加载至 20000kN，分 8 级加载；

步骤 3：左侧逐渐卸载至 0，分 8 级卸载；

步骤 4：右侧逐渐卸载至 0，分 8 级卸载。

而后背土压力分布也近似呈线性分布，墙底处最大。加载区域附近的土压力比较突出，这也是局部压力的影响。

偏心顶进时，沉井会产生偏转，但也会产生整体位移，因此在步骤 1 时，位于后背的断面 7～断面 9 的土压力相比初始静止土压力都有所增大，并且左边部分土压力更大，整体呈三角形分布；随着右侧逐渐加载（即步骤 2），右边部分土压力逐渐增大，当顶力也达到 20000kN 时，后背土压力趋向均匀。

而在偏心顶进时，位于前壁的断面 10～断面 12 的土压力相比初始静止土压力减小，步骤 1 时，由于沉井整体发生偏转，前壁左侧土压力减小更多，整体分布呈三角形，但其斜率较小；步骤 2 时，右边部分土压力也减小，当顶力也达到 20000kN 时，前壁土压力趋向均匀。

因此当偏心顶进时，若不考虑侧壁摩阻力的影响，兼顾受力平衡，采用前文提及的三角形分布模式，其中左侧为初始静止土压力加上三角形的分布增量，当左端最大值达到被动土压力时即为极限状态，右侧为静止土压力，而前壁则为均布的主动土压力。偏心顶进时的建议水平土压力分布模式见图 2.5-15。

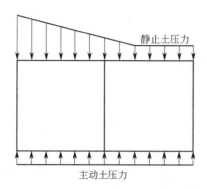

静止土压力

主动土压力

图 2.5-15　偏心顶进时的建议水平土压力分布模式

与前文相同，在沉井左侧施加单边荷载，加载区域不变，荷载随时间线性增加。图 2.5-16 为左右两侧顶力中心的水平位移随顶力的变化曲线，可见，左侧顶力中心的水平位移比右侧的大，随着顶力的增大，两者之间的差异也逐渐增大，即沉井在水平方向上发生偏转。根据位移曲线，沉井在偏心荷载作用下的允许顶力约为 110000kN。

在偏心顶力作用下，沉井既会发生偏转，也会发生整体后移，导致沉井后背土压力增大，但左侧会比右侧大更多；沉井前壁土压力相应减小，而左侧会比右侧减小更多。取顶力中心处的横向断面 8 和断面 11 的土压力分布如图 2.5-16 所示。

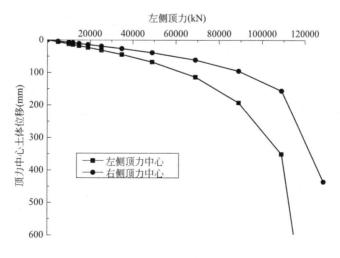

图 2.5-16　顶力中心处的土体水平位移发展曲线

当达到极限状态时，两个断面的土压力都呈三角形分布。由于极限状态时顶力很大，沉井整体向后发生很大的位移，因此整个断面 8 的土压力都增大；而前壁左侧土压力减小至 0。因此，极限状态时沉井后背和前壁的土压力分布如图 2.5-17 所示，后背的土压力呈梯形，前壁的土压力呈三角形，极限顶力 $p=\dfrac{L}{2}(K_p+K_0-K_a)$。

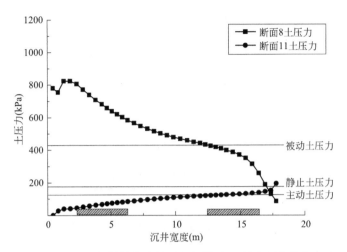

图 2.5-17　极限状态时断面 8 和断面 11 的土压力分布

但在实际工程中，沉井的位移必须控制在一定范围内，防止顶管轴线发生大的偏差。在该位移限制下，沉井前壁土压力介于主动土压力和静止土压力之间，保守考虑取为主动土压力，当后背左侧土压力达到被动值时即为极限状态，如图 2.5-18 所示，极限顶力 $p=\dfrac{L}{2}(K_p+K_0-2K_a)$。

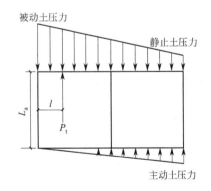

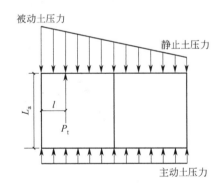

图 2.5-18　极限状态沉井土压力分布图　　　图 2.5-19　极限状态沉井土压力建议分布模式

图 2.5-19 对应的计算公式为：

$$P_{tk}\leqslant \xi(0.8E_{pk}-E_{ep,k}) \tag{2.5-11}$$

$$E_{pk}=\frac{1}{4}LH\cdot(F_{pk}+F_{0k}) \tag{2.5-12}$$

$$E_{ep,k}=\frac{1}{2}LH\cdot F_{ep,k} \tag{2.5-13}$$

$$\xi=(h_{f}-|h_{f}-h_{p}|)/h_{f}h_{p}=H/3 \tag{2.5-14}$$

式中 H——沉井入土深度;

L——沉井宽度;

$E_{ep,k}$——沉井前方主动土压力合力标准值;

E_{pk}——沉井后方被动土压力合力标准值;

F_{pk}——沉井刃脚底部被动土压力标准值;

F_{0k}——沉井刃脚底部静止土压力标准值;

$F_{ep,k}$——沉井刃脚底部主动土压力标准值;

h_{p}——土压力合力至刃脚底的距离;

ξ——考虑顶管力与土压力合力作用点可能不一致的折减系数。

按照均质土体的参数计算,假设顶力与土压力合力作用点一致,可得偏心顶进时的极限顶力为 33125kN,在该顶力作用下沉井左侧顶力中心的位移为 42mm,右侧顶力中心的位移为 25mm。

沉井的变形主要分为井位移和后座井壁的弹性变形。当顶力较小时,顶进力反力首先由作用于井壁的静止土压力平衡。随着顶进力的增大,顶进力反力一部分由后背土体承担,一部分由井侧壁摩阻力和井底摩阻力承担。当井侧壁摩阻力和井底摩阻力小于静摩阻力时,不产生井位移。由于后座井壁的刚度不是无限大,在顶进力反力作用下要产生变形,且与其后部土体的变形保持协调。对于软土地区,如果后座井壁后部土体较软、没有加固,要达到被动土压力所需的位移光靠后座井壁变形显然不够,因此在土体达到破坏之前必定会产生井位移。

有限元计算中后靠背土体位移最大达到了 40mm,尚未达到被动土压力所需的位移,即 $(1\%\sim5\%)H$,所以当总顶力达到 40000kN 时土压力也并未达到被动土压力。若按照被动土压力计算,顶力可继续增加,但如此大的位移在实际中是不允许的,因此后背土体必须进行加固。

沉井的倾斜也可通过后背土体的加固来处理,因此可假定沉井在顶力的作用下整体平移。在顶力作用下,井位移逐渐增大,由于达到主动土压力所需的位移较小,因此前壁土体首先达到主动土压力。后背土体位移等于井位移加上后座井壁的变形,当达到某一值时,最大土压力达到被动土压力,此时沉井达到临界状态。顶进力反力再增大,则后座井壁后部土体发生破坏,沉井发生倾覆。

当顶力达到极限值时,矩形沉井的后背土体反力可按完全朗肯被动土压力计算,前壁的土体反力按完全朗肯主动土压力计算。

2. 圆形沉井

根据魏纲方法,假设后背土体位移曲线为抛物线,计算出沉井允许顶力 $P \leqslant F/k = 88536/1.6 = 55335$kN

模型总尺寸为 $\phi162$m×70m,土体为均质,弹性模量为 15MPa,黏聚力为 10kPa,内摩擦角为 15°。沉井与土体之间的侧壁最大摩阻力为 15kPa,摩擦系数为 0.4,底板与土体之间光滑接触。圆形沉井深度为 19.4m,外径 22m,内径 20m,加载区域为 4.9m×6m,加载区域中心距地表 12.5m。断面位置见图 2.5-20 和图 2.5-21。

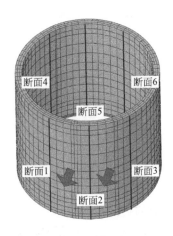 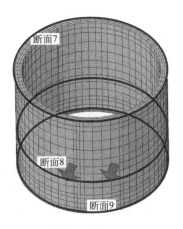

图 2.5-20　竖向断面位置图　　　　图 2.5-21　横向断面位置

顶进过程分两步进行：

步骤 1：左右两侧同时逐渐加载至 20000kN，分 8 级加载；

步骤 2：左右两侧同时逐渐卸载至 0，分 8 级卸载。

与矩形沉井相似，在 20000kN 的顶力作用下，圆形沉井后背土压力增大，但相比静止土压力增量不大，其斜率与静止土压力曲线几乎平行，这也说明后背墙体产生整体位移。穿过加载区域的断面 1、断面 3 的土压力与断面 2 接近。

前壁土压力显著减小，基本为直线分布，但尚未达到完全主动状态。而在卸载后，沉井回移，后背土压力减小，前壁土压力增大，又近似恢复至静止土压力状态。

分析土压力水平向分布，断面 7、断面 8、断面 9 分别位于地表以下 0m、12.5m、18.4m。

在顶力作用下，断面 8 和断面 9 的位移接近，但断面 7 前壁的位移稍小，圆形沉井变为椭圆形，并有部分翘曲。

后背和前壁的土压力增量都呈圆弧状，对于该增量的拟合采用余弦拟合水平方向上的土压力增量，如图 2.5-22 所示。

在每部分加载区域施加最大 200000kN 的顶力，顶力中心处的土体位移随顶力的变化曲线见图 2.5-23。曲线中出现明显的拐点，当单侧顶力在接近 80000kN 时，后背土压力已经达到极限破坏状态，顶力继续增大，土体位移急剧增大。

顶力中心处的土压力随顶力变化，当该点处的土压力达到被动状态时，其土压力值还能继续增大。当单侧顶力为 80000kN 时，合力中心处的土压力达到被动状态；当单侧顶力为 80000kN 时，该处的土压力已基本不变，此时后背、前壁土压力分布情况如图 2.5-24，可见后背土压力已经达到被动极限状态，前壁土压力也已达到完全主动状态。

根据以上的分析（采用余弦拟合水平方向上的土压力增量），综合考虑极限状态时的分布形态，建议分布模式如图 2.5-25 所示，其中前壁为主动土压力均匀分布，后背为静止土压力加上余弦式分布的被动土压力增量。该模式相比于规范有一定程度的改进，相对于有限元结果也偏于保守。

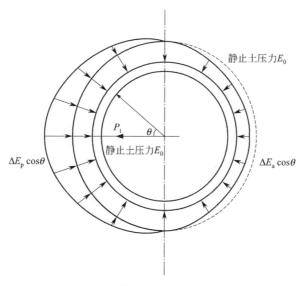

图 2.5-22 工作状态下水平向土压力分布建议模式

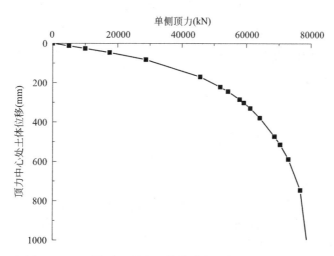

图 2.5-23 顶力中心处的土体位移发展曲线（圆形沉井）

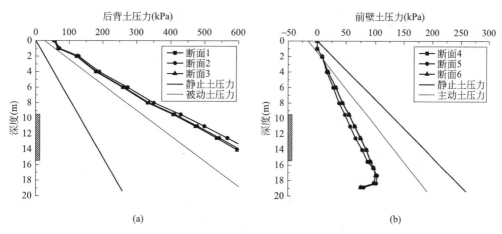

图 2.5-24 极限状态垂直土压力分布

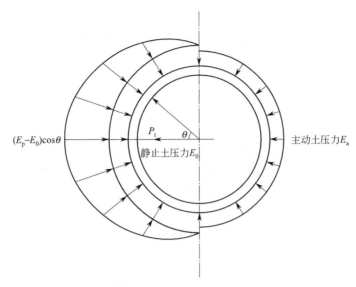

图 2.5-25　极限状态时土压力水平方向分布的建议模式

与规范相比，该模式上下两侧的土压力均不为 0，且前壁土压力分布也为主动。由于纵向上土压力分布均为三角形，因此可只对比平面。根据建议模式计算：

取 $\varphi = 15°$ 试算，$K_0 = 0.741$，$K_p = 1.698$，$K_a = 0.589$，$p_1/r = 1.7430$，$p_2/r = 1.8084$。

若考虑被动土压力部分的折减系数 0.8，则 $p_1/r = 1.2086$，$p_2/r = 1.2738$。即采用建议模式计算的顶力比按照规范计算大。

圆形沉井实际上是一筒壳结构，具有很大的刚度，在顶进力反力作用下，沉井后座井壁变形很小，可以假定不变。当顶进力反力很大时，克服阻力作用，沉井产生整体位移，而局部弹性变形较小，从有限元结果中可见其位移性状与矩形沉井相似。

圆形沉井的土压力计算与矩形沉井相同，后背土体反力可按朗肯被动土压力计算，前壁的土体反力按朗肯主动土压力计算。

当顶力较小时，同一深度处的环向土压力可采用初始静止土压力再加上按向心余弦分布的反力增量；而当顶力达到极限状态时，则前壁按主动土压力计算，后背按静止土压力加上余弦式分布的被动土压力增量。

2.5.3　沉井受力模式改进

根据前文中对沉井的分析结果，在计算沉井所能承受的最大顶力时，沉井后背和前壁土压力的竖向分布可分别按照朗肯被动、主动土压力计算，这与现有的沉井设计规范相同，但水平方向上的土压力分布则可改进。

1. 矩形沉井受力模式

矩形沉井在中心顶进时，沉井为中心受力，加载区域部分由于局部变形大导致土压力稍大，在水平断面上土压力基本呈均布状态，这一点与沉井设计规范中相同，并且被广泛认同。研究仍参考沉井设计规范的计算方法进行矩形沉井在中心受力下的允许顶力计算。

沉井在偏心顶进时，现有的资料中只有沉井设计规范中提及在水平方向和竖直方向上均呈三角形分布，但有限元计算结果显示，偏心受力时，沉井既会发生转动，也会向后整体位移。由于侧壁摩阻力相对于后背土压力而言很小，可忽略不计，因此，偏心受力时的后背土体反力分布可按照图 2.5-26 中的模式计算。

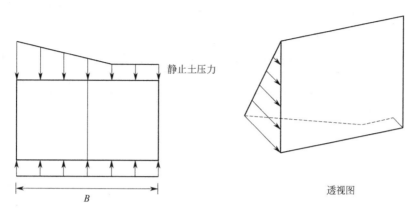

静止土压力

透视图

图 2.5-26　工作状态建议水平土压力分布模式

对于某一深度处的沉井截面，初始状态时会受到静止土压力的作用。偏心受力后，后背左侧区域土压力显然增大，但右侧区域土压力也会增大，考虑到受力平衡，后背左侧部分土压力为初始静止土压力加上三角形的分布增量，右端仍为静止土压力，当左端最大值达到被动土压力时即为极限状态；而前壁土压力显然会减小，但由于达到主动土压力只需要很小的位移，因此认为前壁土压力为均布。

当偏心受力达到极限状态时，有限元中计算得出的断面 8 和断面 11（深度相同）的土压力都呈三角形分布。由于极限状态时顶力很大，沉井整体向后发生很大的位移，因此整个断面 8 的土压力都增大；而前壁左侧土压力减小至 0。因此，极限状态时沉井后背的土压力呈梯形，前壁的土压力呈三角形，极限顶力为 $P=\dfrac{L}{2}(F_p+F_0-F_a)$（式中，$F_p$、$F_0$、$F_a$ 分别为被动、静止、主动土压力）。

但在实际工程中，沉井的位移必须控制在一定范围内，以防止顶管轴线发生大的偏差。在该位移限制下，沉井前壁土压力介于主动土压力和静止土压力之间，保守考虑取为主动土压力，当后背左侧土压力达到被动值时即为极限状态。

针对矩形沉井中心顶进（即双管同时顶进）条件下的沉井容许顶力，分别以沉井设计规范的计算方法、魏纲建议计算方法进行计算，得到结果如表 2.5-1 所示，表 2.5-1 中同时给出了数值分析计算的极限位移值。根据有限元计算结果可知，当沉井发生整体滑动的失稳破坏时，由顶力-位移曲线得到的拐点作为弹塑性破坏极限值为 140644kN，相应的顶力中心最大位移达到 316mm；考虑设计允许顶力为极限值的一半，即为 70322kN，相应的极限位移为 79.9mm。此时的沉井位移量较大，考虑变形控制条件，假设最大极限位移为 30mm 或 40mm，可分别得到相应的允许顶力值如表 2.5-1 所示。根据相关测试与研究，极限被动土压力得到充分发挥时，挡土结构位移需达到其高度的 0.5%～1%。考虑设计允许值得折减，分别取允许位移为 0.3%H_0 和 0.5%H_c（其中，H_0 为沉井深度，H_c 为顶力作用中心深度），可得到相应的允许顶力值（表 2.5-1）。表 2.5-1 中的最大剪应力为不同允许顶力下的数值计算结果。

由表 2.5-1 可知，规范方法和魏纲方法计算得到的允许顶力有较大差异，且均小于数值计算弹塑性极限的一半，两者对应的极限位移在 40～60mm。规范建议方法的允许顶力小于魏纲方法，也小于以 $0.3\%H_0$ 确定的允许顶力，沉井周围仅小部分土体进入了塑性状态，且最大剪应力值小于其破坏强度，有足够的安全储备，可适当提高顶力。

矩形沉井中心顶进的计算结果比较　　　　　　　　　　　　　　　　　　表 2.5-1

计算方法		允许顶力(kN)	极限位移(mm)	土体最大剪应力(kPa)
简化计算方法*	规范方法	42908.0	43.4	88.5
	魏纲方法	56346.0	60.0	114.0
数值计算结果	0.5×弹塑性破坏极限值	70322.0	79.9	133.9
	位移控制法　30mm	30345.7	30.0	55.4
	位移控制法　40mm	39876.5	40.0	81.9
	位移控制法　$0.3\%H_0$	53991.6	56.7	110.5
	位移控制法　$0.5\%H_c$	59600.5	64.5	118.9

注：* 被动土压力考虑 0.8 折减。

对于偏心顶进（单侧顶管先顶进）的矩形沉井，规范中仅提出后方被动土压力应考虑为三角形分布，而没有明确前方主动土压力的计算方式，分别采用不考虑前方土压力和前方土压力也考虑为三角分布的主动土压力两种情况，可以计算得到相应的允许顶力如表 2.5-2 所示，分别为 28419kN 和 16090kN，并根据数值计算结果确定相应的极限位移和土体最大剪应力。根据本节前文提出的建议模式，计算得到允许顶力为 24407kN，介于两者之间。根据数值分析结果，弹塑性极限和位移控制法确定的不同允许顶力及其相应的极限位移和土体最大剪应力如表 2.5-2 所示。

由表 2.5-2 可知，本书建议模式计算得到的允许顶力介于对规范的两种理解方式值之间，但该值的 2 倍大于相同位移下双管顶进的允许顶力。此时，极限位移为 30～40mm，沉井周围仅小部分土体进入了塑性状态，且最大剪应力值小于破坏强度。考虑到沉井在偏心顶进下的安全控制要求，本书提出的建议模式是合理可行的。

矩形沉井偏心顶进的计算结果比较　　　　　　　　　　　　　　　　　　表 2.5-2

计算方法		允许顶力(kN)	极限位移(mm)	土体最大剪应力(kPa)
规范方法*	仅考虑后方被动土压力	28419.0	35.8	92.0
	同时考虑前后方土压力	16090.0	19.6	49.4
本书建议模式		24407.0	30.2	69.6
数值计算结果	0.5×弹塑性破坏极限值	54482.0	80.6	177.5
	位移控制法　30mm	24248.4	30.0	69.1
	位移控制法　40mm	31417.4	40.0	115.4
	位移控制法　$0.3\%H_0$	42106.6	56.7	146.4
	位移控制法　$0.5\%H_c$	46891.1	64.5	160.8

注：* 被动土压力考虑 0.8 折减。

2. 圆形沉井受力模式

圆形沉井在承受单侧偏心顶力时，由于井壁的侧摩阻力小而容易发生转动，在后背顶力达到极限状态之前位移已超过限制。在承受双侧顶力时为中心受力，后背土压力增大，前壁土压力减小，而左右两侧的土压力接近保持不变。按照前文中圆形沉井的有限元计算结果，取断面 8 将顶力作用下的土压力减去静止土压力，并分别采用余弦函数和考虑位移的余弦函数法（即魏纲法）分别对土压力变化量进行拟合，其中增量的最大值均采用有限元结果的增量最大值（图 2.5-27）。

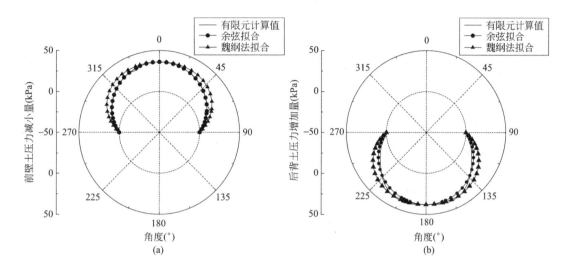

图 2.5-27　断面 8 的土压力变化量拟合

当沉井顶力不大时，周围土体仍处于弹性状态，初始状态整个圆周都为静止土压力，在顶力作用下后背土压力增量和前壁土压力减小量都为向心余弦分布。

在极限状态时，前壁为主动土压力式均匀分布，后背为静止土压力加上向心余弦的被动土压力增量。该模式相比于规范有一定程度的改进，相对于有限元结果也偏于保守。

针对圆形沉井中心顶进（即双管同时顶进）条件下的沉井容许顶力，分别以沉井设计规范的计算方法、魏纲建议计算方法进行计算，得到结果如表 2.5-3 所示，表 2.5-3 中同时给出了数值分析计算的极限位移值，根据数值计算结果确定相应的极限位移和土体最大剪应力。根据本节前文提出的建议模式，计算得到允许顶力为 47473kN，略大于规范计算方法。根据数值分析结果，弹塑性极限和位移控制法确定的不同允许顶力及其相应的极限位移和土体最大剪应力如表 2.5-3 所示。

由表 2.5-3 可知，规范方法和魏纲方法计算得到的允许顶力有较大差异，且均小于数值计算弹塑性极限的一半，两者对应的极限位移在 60～100mm。规范建议方法的允许顶力小于魏纲方法，与以 $0.3\%H_0$ 确定的允许顶力接近。本书建议模式计算得到的允许顶力与规范计算结果接近，极限位移为 60mm 左右，沉井周围仅小部分土体进入了塑性状态，且最大剪应力值小于破坏强度，有足够的安全储备。考虑到沉井在顶力作用下的安全控制要求，本书提出的建议模式是合理可行的。

圆形沉井中心顶进的计算结果比较 表 2.5-3

计算方法			允许顶力(kN)	极限位移(mm)	土体最大剪应力(kPa)
简化计算方法*	规范方法		45043.0	62.7	76.7
	魏纲方法		64553.0	101.0	105.6
本书建议模式			47473.0	66.6	82.4
数值计算结果	0.5×弹塑性破坏极限值		76756.0	132.4	104.7
	位移控制法	30mm	22965.9	30.0	35.2
		40mm	30285.7	40.0	45.9
		$0.3\%H_0$	43607.5	58.2	73.3
		$0.5\%H_c$	46755.0	62.5	80.7

注:* 被动土压力考虑 0.8 折减。

2.5.4 背景工程实例分析

图 2.5-28 为本工程矩形沉井平面图,整个顶管工程长 26.21km,中间设置了多个沉井,沿线共有 8 个矩形沉井,各井结构形式完全一样,只是尺寸相互有所差别,在建模分析时,没有必要对每个沉井都分别建模,只需选取具有代表性的一组尺寸作为数

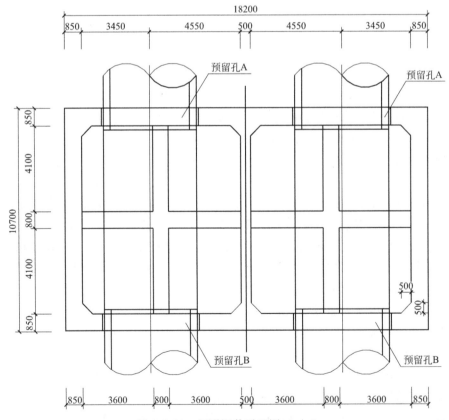

图 2.5-28 矩形沉井平面图(mm)

值分析对象。选择远东 10 号沉井为建模参考。为了建模计算方便，近似认为沉井顶部与地面齐平。

有限元整体网格尺寸为 158.2m×152.2m×60m，沉井深度为 18.9m，宽度 18.2m，顶管中心距地表 12.9m。模型共 153603 个节点，141644 个单元。

有限元计算中土体材料的本构选用莫尔—库伦模型，一方面莫尔—库伦模型的最大剪应力屈服准则能够较好地反映岩土材料的破坏特性，另一方面，前面的理论分析中所用朗肯土压力理论是以莫尔—库伦准则为基础建立起来的，这样数值计算与理论分析的结果将更加具有可比性。莫尔—库伦模型所需的参数有弹性阶段的弹性模量和泊松比，反映屈服面和流动法则的内摩擦角和黏聚力。计算时参数的选取以地勘资料为依据，弹性模量取压缩模量的 3~5 倍，具体参数如表 2.5-4 所示。

土层材料参数   表 2.5-4

土层	弹性模量 E(MPa)	泊松比 μ	内摩擦角 φ(°)	黏聚力 c(kPa)	重度 γ(kN/m³)	层厚(m)
①	26.2	0.3	15.3	22	18.8	0.86
②₁	26.2	0.3	15.3	22	18.8	1.54
②₃	46	0.3	30.6	3	18.8	5.16
③	16.7	0.35	13.4	12	17.5	3.32
④	11.7	0.4	10.8	11	16.8	13.38
⑤₁	17.5	0.35	14	15	17.6	4.7
⑤₃₁	19.7	0.3	14.6	15	17.7	7.5
⑤₃₂	36.7	0.3	29.5	5	18.0	23.54

沉井、底板为钢筋混凝土材料，底板下面垫有素混凝土，在计算中分别建立钢筋混凝土和素混凝土两种材料，本构使用线弹性，具体的材料参数见表 2.5-5。

混凝土结构材料参数   表 2.5-5

材料	弹性模量 E(MPa)	泊松比 μ
钢筋混凝土	30000	0.2
素混凝土	20000	0.25

两边同时加载，并同时加至 25000kN，每级加载 2500kN。每组千斤顶的最大顶力为 25000kN。其加载区域为 4m×4m，加载区域的中心与顶管中心重合。顶进过程与前文相同，分两步进行：

步骤 1：左右两侧同时逐渐加载至 25000kN，分 10 级加载；

步骤 2：左右两侧同时逐渐卸载至 0，分 10 级卸载。

所取的断面也与前文相同，分别取沉井后部土体的断面 1、断面 2、断面 3，分析其土压力及位移分布，其中断面 1 位于加载区域一的中部，断面 2 位于沉井的中部，断面 3 位于加载区域二的中部，而断面 4~断面 6 位于前壁相应的位置。断面 7~断面 9 为后背处的水平断面，断面 10~断面 12 为后背处的水平断面。

对于加载区域中的断面 1 和断面 3，其位移曲线在底板以上呈抛物线，加载区域土体位移突出，表明沉井在该区域产生局部变形，进而影响到土体的位移。而位于加载区域之外的断面2，其位移基本呈直线。由于加载区域较小，使得墙体的弹性变形很大，而底板的刚度很大，刃脚范围内的土体位移为直线，并且三个断面的位移一致。

前壁的断面4~断面6其位移基本呈直线，且斜率与断面1~断面3相近。在顶力作用下沉井整体向后倾斜，上部土体位移小于下部土体位移，随着顶力增大，沉井位移逐渐增大，底部位移比顶部大，因此沉井斜率逐渐增大；而逐级卸载后，位移逐渐恢复，当完全卸载时，位移尚有部分残余，表明附近的土体已经屈服，而且地表的位移残余更大，表明地表土体屈服程度更大。

由图2.5-29可见，在25000kN的顶力作用下，后背土压力增大，但相比静止土压力增量不大。由于断面1、断面3的位移比断面2的位移大，其土压力也相应大于断面2的土压力。由于土体成层分布，在每层土体内土压力线性分布，由于沉井整体向后位移，沉井后背土体全都受到挤压，因此整体受力，土压力整体近似为线性。前壁土压力减小，也基本为直线分布，与主动状态较为接近，但前壁顶部土压力为0。

当顶力撤销后，如图2.5-29所示，后背和前壁的土压力逐渐向静止土压力恢复，但最终仍与初始状态有一定的差距，这也是由土体的塑性屈服引起的。

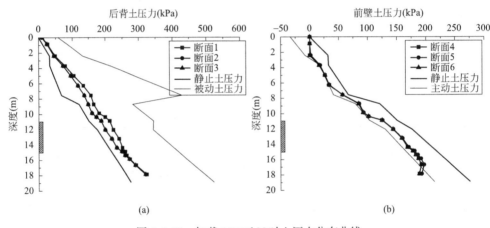

图2.5-29 加载25000kN时土压力分布曲线

根据25000kN荷载作用下的土体塑性区分布情况，塑性区主要分布在沉井拐角处及刃脚底部。土体进入塑性状态主要与土体的黏聚力及内摩擦角有关，而根据前文中的土体参数可知，第②₃层土体的黏聚力最小，该层土体会最早达到屈服状态。②₃层土体的塑性区显著增大。由于塑性区主要在沉井拐角处，取塑性区离沉井角点的最远距离作为塑性区范围，各层土体的塑性区大小如表2.5-6所示，可见除第②₃层土体外，其余土层的塑性区很小，而②₃层土体的塑性区达到13.38m，扩展范围很大。

各层土体表面塑性区范围 表2.5-6

土层	①	②₁	②₃	③	④	⑤₁	⑤₃₁	⑤₃₂
塑性区范围(m)	3.04	2.54	13.38	1.8	1.92	0	0	0

虽然②₃层土体最易屈服，但沉井周围的土体是整体作用的，所以该层土体的位移并不会迅速增大。在每部分加载区域施加最大25000kN的顶力，顶力中心点的土体位移随

顶力的变化曲线见图 2.5-30。曲线中出现明显的拐点，说明当单侧顶力在接近 60000kN 时，顶力中心点的位移已达到 250mm，并且开始急剧增大。

若后背土压力按朗肯被动土压力计算，前壁土压力按朗肯主动土压力计算，忽略底部摩擦力，则该沉井能够承受的最大顶力为 $F = f_p + f_侧 + f_底 - f_a = 77806.8$kN，沉井允许顶力 $P \leqslant F/k = 77806.8/1.6 = 48629$kN，对应的沉井加载区域中心的位移约为 57mm。

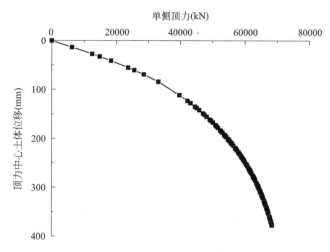

图 2.5-30 顶力中心处的土体位移发展曲线（实际工程）

根据有限元分析，若限制土体位移最大只能达到 100mm，则该矩形沉井单侧的允许顶力约为 36000kN，即同时顶进时允许顶力为 72000kN。

偏心顶进时，沉井会产生偏转，但也会产生整体位移，因此在步骤 1 时，位于后背的断面 7～断面 9 的土压力相比初始静止土压力都有所增大，并且左边部分土压力更大，整体呈三角形分布；随着右侧逐渐加载即步骤 2，右边部分土压力逐渐增大，当顶力也达到 25000kN 时，后背土压力趋向均匀；当左侧卸载即步骤 3 时，左侧墙体回移，土压力减小，整体仍呈三角形分布；而当右侧也卸载完成后即步骤 4，右侧土压力也减小，土压力基本恢复至静止土压力。

而在偏心顶进时，位于前壁的断面 10～断面 12 的土压力相比初始静止土压力减小，步骤 1 时，由于沉井整体发生偏转，前壁左侧土压力减小更多，整体分布呈三角形，但其斜率很小，近似为均布；步骤 2 时，右边部分土压力也减小，当顶力也达到 25000kN 时，前壁土压力趋向均匀；步骤 3 左侧卸载后，左侧墙体回移，土压力增大，整体仍呈三角形分布；完全卸载后即步骤 4，右侧土压力也增大，土压力恢复，但与静止土压力有一定差距。

由地表和沉井底部的塑性区分布可见，偏心顶进时塑性区也主要分布在沉井拐角处。但由于左侧先加载，因此左侧先产生塑性区，当右侧开始加载时，由于部分土体进入屈服状态，所承受的压力不同，这种非弹性状态导致右侧的塑性区较小，由②₃ 层土体表面塑性区可明显看出这种非对称现象。

按照前文中的建议模式，考虑侧壁摩擦力，忽略底部摩擦力，计算出的沉井最大顶力如表 2.5-7 所示，其值远小于有限元计算值。

计算出的沉井最大顶力　　　　　　　　　　　表 2.5-7

折减系数	最大顶力 （kN）	允许顶力 （kN）	加载区域中心的位移（mm）	
			左侧	右侧
考虑折减系数 0.8	34405	21503	29.0	18.4
不考虑折减系数 0.8	49977	31235	44.3	27.3

圆形沉井平面图如图 2.5-31 所示。

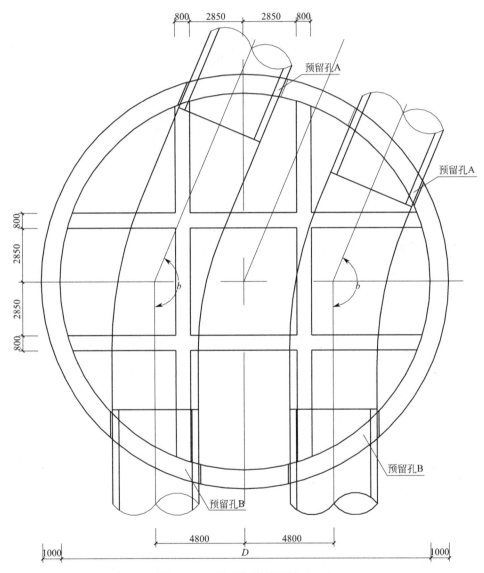

图 2.5-31　圆形沉井平面图（mm）

有限元建模分析时以具有代表性尺寸的一个沉井为依据，下面的模型是以远东 14 号沉井为建模对象。模型总尺寸为 $\phi162m \times 70m$，圆形沉井深度为 19.4m，外径 22m，内径 20m，加载区域为 4.9m×6m，顶管中心距地表 12.5m。有限元模型共 153603 个节点，

141644 个单元。

有限元计算中土体材料的本构选用莫尔—库伦模型，具体参数如表 2.5-8 所示，其余沉井参数与矩形沉井一致。

土层材料参数 表 2.5-8

土层	弹性模量 E（MPa）	泊松比 μ	内摩擦角 φ（°）	黏聚力 c（kPa）	重度 γ（kN/m³）	层厚（m）
①	26.2	0.3	15.3	22	18.8	4
②$_3$	46	0.3	30.6	3	18.8	4
③	16.7	0.35	13.4	12	17.5	4.53
④	11.7	0.4	10.7	11	16.8	9.27
⑤$_1$	17.5	0.35	14	15	17.6	6.33
⑤$_{31}$	19.7	0.3	14.6	15	17.7	9.72
⑤$_{32}$	36.7	0.3	29.5	5	18.0	4.86
⑤$_{33}$	22.7	0.3	24.7	12	17.9	27.29

所取的各断面位置如上。矩形沉井在中心顶进时表现为整体位移或倾斜，而圆形沉井相对于矩形沉井，其整体刚度更大，因此圆形沉井在中心顶进时也表现为整体位移或倾斜。由于在顶力作用下的墙体本身的抛物线形状并不明显，基本保持整体向后位移，而前壁的位移呈直线。随着顶力增大，沉井位移逐渐增大，底部位移比顶部略大，沉井斜率很小且基本保持不变；而逐级卸载后，位移逐渐恢复，当完全卸载时，位移尚有部分残余，表明附近的土体已经屈服，而且地表的位移残余更大，表明地表土体屈服程度更大。

前壁土压力显著减小，并达到主动状态，除距地表的一段土压力为 0 外，基本与主动土压力曲线重合。而在卸载后，沉井回移，后背土压力减小，前壁土压力增大，又近似恢复至静止土压力状态。

由图 2.5-32(a) 可见，在顶力作用下，断面 8 和断面 9 的位移接近，但断面 7 前壁的位移稍小，圆形沉井变为椭圆形，并有部分翘曲。

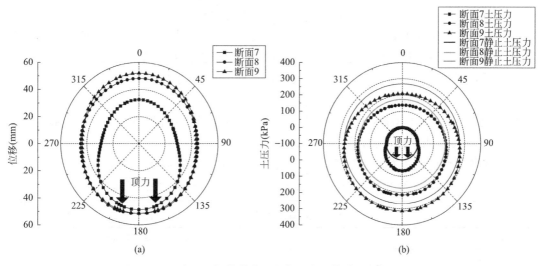

图 2.5-32 步骤 1 加载结束后的断面水平位移和土压力变化

由加载结束后的断面水平土压力图 2.5-32(b) 可知，在顶力作用下，后背土压力增大，前壁土压力减小，而左右两侧的土压力接近于静止土压力，即保持不变。

在 25000kN 的顶力作用下，圆形沉井后背周围未出现明显的塑性区，而前壁的土体出现了屈服，并主要产生于第②₃层土体中，其塑性区最远处距离沉井上端的极点约为 19.4m。同样，在顶力为 20000kN 时尚未产生大面积的屈服，因此可继续加载。表 2.5-9 为各级顶力作用下②₃层土体中的塑性区范围，随着顶力增大，塑性区范围也逐渐增大。

②₃层前壁土体表面塑性区范围　　　　　　　表 2.5-9

单侧顶力(kN)	2500	5000	7500	10000	12500	15000	17500	20000	22500	25000
塑性区范围(m)	0	0	0	4.4	8.0	12.2	14.4	16.9	17.2	17.2

在每部分加载区域施加最大 250000kN 的顶力，单侧顶力土压力及位移发展曲线见图 2.5-33。曲线中出现明显的拐点，当单侧顶力在接近 80000kN 时，顶力中心点的位移已达到 300mm，并且开始急剧增大。

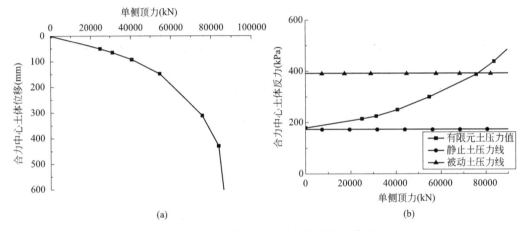

图 2.5-33　单侧顶力土压力及位移发展曲线

当该点处的土压力达到被动状态时，其土压力值还能继续增大。当单侧顶力约为 80000kN 时，合力中心处的土压力达到被动状态。根据极限状态时后背、前壁土压力分布情况可知：后背土压力已经达到被动极限状态，前壁土压力也已达到完全主动状态。

由后背塑性区的分布可知，当顶力较小时，②₃层土体前壁最先进入塑性状态，此时其他区域的土体尚未屈服。当单侧顶力为 31250kN 时，后背塑性区开始在②₃层和地表产生，当顶力增大至 54687kN 时，前壁产生大片塑性区，同时后背塑性区开始扩展。顶力继续增大至 75782kN 时，后背塑性区形成楔形。

地表的塑性区范围发展如表 2.5-10 所示，②₃层土体的塑性区范围发展如表 2.5-11 所示，当顶力由 40625kN 增大至 54687kN 时，②₃层土体的塑性区范围急剧增大。

地表后背塑性区范围　　　　　　　　表 2.5-10

单侧顶力(kN)	25000	31250	40625	54687	75782	98380
塑性区范围(m)	0	4.4	12.2	16.9	19.5	28.0

②₃ 层土体表面塑性区范围 表 2.5-11

单侧顶力(kN)	25000	31250	40625	54687	75782	98380
后背塑性区范围(m)	0	0	11.1	25.0	28.0	28.0
前壁塑性区范围(m)	18.2	25.5	27.5	41.3	45.0	45.0

若后背土压力按朗肯被动土压力计算，前壁土压力按朗肯主动土压力计算，并采用前文建议的分布模式，考虑后背被动土压力折减系数 0.8，忽略底部摩擦力，则该沉井能够承受的最大顶力为 $F = f_p + f_侧 - f_a = 69090\text{kN}$，沉井允许顶力 $P \leqslant F/k = 69090/1.6 = 43181\text{kN}$，对应的沉井加载区域中心的位移约为 45mm。

按照规范中的土压力分布模式计算，同样考虑后背被动土压力折减系数 0.8，忽略底部摩擦力，最大顶力为 67740kN，沉井允许顶力为 42337kN，对应的沉井加载区域中心的位移约为 42.7mm。若不考虑后背被动土压力折减系数，对应不同土压力分布模式下的最大顶力见表 2.5-12。

对应不同土压力分布模式下的最大顶力 表 2.5-12

模式		最大顶力(kN)	允许顶力(kN)	加载区域中心的位移(mm)
考虑折减系数 0.8	建议模式	69090	43181	43.5
	规范	67740	42337	42.7
不考虑折减系数 0.8	建议模式	94011	58727	60.6
	规范	90258	56411	57.9

断面 4～断面 6 位移也呈直线，斜率与断面 1～断面 3 相近。在偏心顶力作用下，沉井整体在竖直和水平方向都发生倾斜，随着顶力增大，沉井位移逐渐增大，而逐级卸载后，位移逐渐恢复，当完全卸载时，位移尚有部分残余，表明附近的土体已经屈服。

当左侧加载时，沉井水平方向上的倾斜度逐渐增加，但当右侧也逐渐加载时，该倾斜度又逐渐减小，并减至 0；随着顶力的卸载，水平倾斜再次产生，当完全卸载时，倾斜度也减至 0。通过比较可见沉井在水平方向上的偏转比较显著，圆形沉井相比矩形沉井更容易在偏心荷载下发生转动。

由于在 25000kN 的荷载作用下，土体中并不出现较大的塑性区，而根据前文中心受力的分析可知，塑性区主要出现在第②₃ 层土体中。当左侧加载时，塑性区先出现于沉井前壁的左侧，当右侧顶力施加时，相应在右侧也出现塑性区，最终形成两边对称的形状。

在后背左侧施加一较大的顶力，顶力中心点的土体位移随顶力的变化曲线见图 2.5-34，曲线中并未出现明显的拐点，当单侧顶力在达到约 70000kN 时达到极限状态，但土体位移最大约为 111mm。

图 2.5-35 为极限状态时断面 8 上的土压力分布，后背左侧土压力比右侧稍大，但两边差异不大；前壁左右两侧的土压力无明显差异。由此可知，圆形沉井在偏心顶进时，在后背土压力达到被动状态之前已经达到极限状态。

针对矩形沉井中心顶进（即双管同时顶进）条件下的沉井容许顶力，沉井设计规范的计算结果和数值分析结果比较如表 2.5-13 所示，并给出了数值分析得到的相应沉井最大位移和土体最大剪应力值。

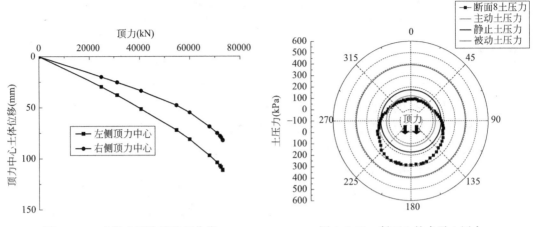

图 2.5-34 土体水平位移发展曲线　　　图 2.5-35 断面 8 的水平土压力

矩形沉井实例中心顶进的计算结果比较　　　　　　表 2.5-13

计算方法		允许顶力(kN)	极限位移(mm)	土体最大剪应力(kPa)
规范计算方法	被动土压力考虑 0.8 折减	53619.0	64.2	110.9
数值计算结果	0.5×弹塑性破坏极限值	68565.0	89.4	104.2
	位移控制法　0.3%H_0	48405.6	56.7	111.8
	位移控制法　0.5%H_c	53828.9	64.5	110.7

由表 2.5-13 可知，规范方法计算得到的允许顶力小于数值计算弹塑性极限的一半，对应的极限位移略大于 60mm。规范方法计算得到的允许顶力与以 0.3%H_0 或 0.5%H_c 作为控制位移确定的允许顶力，沉井周围有部分土体进入了塑性状态，且最大剪应力值小于土体破坏强度，有足够的安全储备，可适当提高顶力。

对于偏心顶进（单侧顶管先顶进）的矩形沉井，根据规范中提出的后方被动土压力应考虑为三角形分布，可以确定允许顶力分别为 31836kN 和 20107kN，并根据数值计算结果确定相应的极限位移和土体最大剪应力，如表 2.5-14 所示。根据本课题所提出的建议模式，计算得到允许顶力为 28940kN，介于两者之间。根据数值分析结果，弹塑性极限和位移控制法确定的不同允许顶力及其相应的极限位移和土体最大剪应力如表 2.5-14 所示。

矩形沉井实例偏心顶进的计算结果比较　　　　　　表 2.5-14

计算方法			允许顶力(kN)	极限位移(mm)	土体最大剪应力(kPa)
规范方法[*]	仅考虑后方被动土压力		31836.0	45.4	103.2
	同时考虑前后方土压力		20107.1	24.6	60.0
本书建议模式			28940.0	40.6	97.7
数值计算结果	0.5×弹塑性破坏极限值		44590.0	68.3	102.2
	位移控制法	30mm	22200.7	30.0	71.5
		40mm	28590.3	40.0	96.6
		0.3%H_0	38413.9	56.7	102.4
		0.5%H_c	42603.2	64.5	102.3

注：[*] 被动土压力考虑 0.8 折减。

由表 2.5-14 可知，本书建议模式计算得到的允许顶力介于对规范的两种理解方式值之间，但该值的 2 倍（57880kN）大于相同位移下双管顶进的允许顶力（53619kN）。此时，极限位移约为 40mm，沉井周围仅小部分土体进入了塑性状态，且最大剪应力值小于破坏强度。考虑到沉井在偏心顶进下的安全控制要求，本书提出的建议模式是合理可行的。

针对圆形沉井中心顶进（即双管同时顶进）条件下的沉井容许顶力，分别以沉井设计规范的计算方法、魏纲建议计算方法进行计算，得到结果如表 2.5-15 所示，表中同时给出了数值分析计算的相应位移值和土体最大剪应力。根据本书提出的建议模式，计算得到允许顶力为 50613kN，略大于规范计算方法。根据数值分析结果，弹塑性极限和位移控制法确定的不同允许顶力及其相应的极限位移和土体最大剪应力如表 2.5-15 所示。

由表 2.5-15 可知，规范方法和本书建议模式计算得到的允许顶力较为接近，且均小于数值计算弹塑性极限的一半，两者对应的极限位移在 50~60mm。规范建议方法的允许顶力略小于以 $0.3\%H_0$ 确定的允许顶力。本书建议模式计算得到的允许顶力与规范计算结果接近，极限位移为 60mm 左右，沉井周围仅小部分土体进入了塑性状态，且最大剪应力值小于破坏强度。考虑到沉井在顶力作用下的安全控制要求，本书提出的建议模式是合理可行的。

圆形沉井实例中心顶进的计算结果比较 表 2.5-15

计算方法		允许顶力(kN)	极限位移(mm)	土体最大剪应力(kPa)
规范计算方法	被动土压力考虑 0.8 折减	50382.0	50.8	53.4
本书建议模式		50613.0	51.1	53.6
数值计算结果	0.5×弹塑性破坏极限值	83692.5	97.1	79.7
	位移控制法 $0.3\%H_0$	57769.5	58.2	60.2
	$0.5\%H_c$	62046.7	62.5	64.2

将本章的计算结果汇总如表 2.5-16 和表 2.5-17 所示进行比较。中心顶进下沉井的允许顶力相当于沉井产生 $0.3\%H_0$（沉井深度）时的顶力值，其设计值可采用规范方法确定并可适当提高，其中圆形沉井可用本书建议模式进行计算。表 2.5-17 用本书建议模式计算偏心顶进下的矩形沉井允许顶力，计算方法较为合理简便，其允许顶力作用下的沉井最大位移为 30~40mm。

沉井实例中心顶进的计算结果比较 表 2.5-16

沉井类型	分析算例	计算方法	允许顶力(kN)	偏差(%)	极限位移(mm)	土体最大剪应力(kPa)
矩形沉井	均质土体	规范方法	53619.0	100	64.2	110.9
		数值计算 $0.3\%H_0$	48405.6	90.3	56.7	111.8
	工程实例	规范方法	42908.0	100	43.4	88.5
		数值计算 $0.3\%H_0$	53991.6	125.8	56.7	110.5

续表

沉井类型	分析算例	计算方法	允许顶力 (kN)	偏差(%)	极限位移 (mm)	土体最大剪应力 (kPa)
圆形沉井	均质土体	规范方法	45043.0	100	62.7	76.7
		本书建议模式	47473.0	105.4	66.6	82.4
		数值计算 $0.3\%H_0$	43607.5	96.8	58.2	73.3
	工程实例	规范方法	50382.0	100	50.8	53.4
		本书建议模式	50613.0	100.5	51.1	53.6
		数值计算 $0.3\%H_0$	57769.5	114.7	58.2	60.2

矩形沉井实例偏心顶进的计算结果比较 表 2.5-17

分析算例	计算方法		允许顶力 (kN)	极限位移 (mm)	土体最大 剪应力(kPa)
均质土体	规范方法	仅考虑后方被动土压力	28419.0	35.8	92
		同时考虑前后方土压力	16090.0	19.6	49.4
	本书建议模式		24407.0	30.2	69.6
	数值计算结果	位移控制 30mm	24248.4	30	69.1
		位移控制 40mm	31417.4	40	115.4
工程实例	规范方法	仅考虑后方被动土压力	31836.0	45.4	103.2
		同时考虑前后方土压力	20107.1	24.6	60
	本书建议模式		28940.0	40.6	97.7
	数值计算结果	位移控制 30mm	22200.7	30	71.5
		位移控制 40mm	28590.3	40	96.6

2.6 沉井结构设计

本节以沉井为阐述对象，分析沉井的结构设计。

2.6.1 形状

沉井形状一般有矩形、圆形及多边形等。矩形沉井最为常见，在直线顶管或接近直线的顶管施工中，多采用矩形沉井。矩形沉井井内空间可充分利用，后座墙可直接利用井壁而不必另行设置。矩形沉井更适合大型工程的多管顶进，多管顶进时，沉井根据需要可设计为双格、三格或四格等。

圆形沉井通常用于覆土较深的部位，因为圆形沉井有良好的受力性能，在水土压力作用下，井壁受压，钢筋用量较少。而矩形沉井则相反，覆土深到一定程度就不能使用。例如江苏某取水工程顶管覆土深45m，沉井采用直径15m的圆形沉井，如果采用矩形沉井，钢筋用量加倍。

2.6.2 场地选择

沉井的场地应尽量远离房屋、地下管线、架空电线等不利于顶管施工的场所。尤其是顶进沉井，井内布置大量设备，地面上又要堆放管道、注浆材料和泥浆沉淀池及渣土的运输设备等，如果沉井和接收井太靠近房屋和地下管线，可能会给施工带来麻烦。有时，为了确保房屋或地下管线的安全，不得不采用一些特殊的施工方法或保护措施，这样就会增加施工成本。

在架空线下作业时，尤其是在高压架空线下作业时，若沉井施工时的安全高度不足，常常会发生触电事故或停电事故。但是顶管施工需要用水用电，顶管沉井场地离水源和电源不能太远。由于有大量的土要运出及管道和相关设备要运进，沉井场地要考虑交通方便。但是顶管沉井场地不能太靠近公路和江河大堤、边坡，应按照国家有关规定保持一定的安全距离，防止施工造成不利影响，保证公路和大堤的安全。

沉井的后背在顶管顶进作业时承受很大的推力，因此要求沉井后背的土体力学指标比较好，还应有足够的土层厚度，在承受推力时不产生明显变形。如后背的土质很差或者承压面积很小，就不是合适的选择。

2.6.3 尺寸

沉井的尺寸要考虑管道下放、各种设备进出、人员的上下、井内操作、测量等必要空间，以及排放弃土设施的位置等。

沉井根据井深分为浅沉井和深沉井。当井底离地面的深度超过 10m 时，称为深沉井。深度小于 10m 的沉井称为浅沉井。沉井的深浅涉及吊装的工作量，井的尺寸要求有所不同。

1. 长度

工作井的最小长度可按下列两种情况计算，取大者。

（1）按顶管机长度计算：

$$L \geqslant l_1 + l_3 + k \tag{2.6-1}$$

（2）按下沉井管段长度计算：

$$L \geqslant l_2 + l_3 + l_4 + k \tag{2.6-2}$$

式中　L——沉井的最小长度；

　　l_1——顶管机工作长度，如刃口工具管应包括接管长度；小于 $DN1000$ 的小直径顶管机长度为 3.5m；大中直径顶管机长度大于或等于 5.5m；

　　l_2——下沉井管段长度，直线顶管参考长度如下：

混凝土管：中直径 $l_2 = 3.0$m；大直径 $l_2 = 3.0$m；

钢管：中短距离顶管 $l_1 = 6.0$m；超长距离顶管 $l_2 = 8.0 \sim 10$m；

　　l_3——千斤顶长度，一般取 2.5m；

　　l_4——井内保留的管道最小长度，取 $l_4 = 0.5$m；

　　k——后座、刚性顶铁和环形顶铁厚度之和，再加上安装富余量，一般取 $k = 1.6$m。

2. 宽度

沉井的宽度与管道外径有关，另外还与井的深度有关。因为较浅的井，能放在地面的设备不再下井，如油泵车、变电箱、电焊机和顶铁等。较深的井，为了提高施工效率，诸如上述设备都要放在井下。所以前者工作井较狭，后者较宽。

浅沉井宽度：

$$B \geqslant D + (2.0 \sim 2.4) \tag{2.6-3}$$

深沉井宽度：

$$B \geqslant 3D + (2.0 \sim 2.4) \tag{2.6-4}$$

式中　B——沉井的宽度（m）；

　　　D——管道的外径（m）。

3. 沉井从地面至底板深度

自地面至基井底板面的深度可按式（2.6-5）计算：

$$H \geqslant H_1 + D + h \tag{2.6-5}$$

式中　H_1——管顶覆土深度（m）；

　　　D——管道的外径（m）；

　　　h——管道连接操作空间高度（m），钢管 $h = 0.80 \sim 0.90$m，因为钢管连接一般使用法兰盘，要求操作空间较大；混凝土管 $h = 0.40 \sim 0.45$m。

2.7　沉井强度计算和稳定验算

沉井的受力分析完成之后，可以进行沉井强度计算和稳定验算。强度计算主要是指：按承载能力极限状态和正常使用极限状态进行计算沉井井壁、底板内力及配筋；稳定验算主要包括：沉井下沉系数及接高稳定性计算，封底混凝土厚度的计算，沉井抗浮计算等。

2.7.1　下沉系数及接高稳定性

（1）采取刃脚留土下沉时，沉井下沉系数应按式（2.7-1）～式（2.7-8）计算：

$$k_{st} = \frac{G_k - F_w}{T_f + R_1 + R_2} \tag{2.7-1}$$

$$F_w = \gamma_w V \tag{2.7-2}$$

$$R_1 = U \left(b + \frac{n}{2} \right) R_k \tag{2.7-3}$$

$$R_2 = A_1 R_k + A_2 R_k \tag{2.7-4}$$

式中　k_{st}——下沉系数；

　　　G_k——沉井、沉箱自重，包括外加助沉重量的标准值（kN）；

　　　F_w——下沉过程中地下水的浮托力（kN），排水下沉时取 0；

　　　γ_w——水的重度（kN/m³），取 9.8kN/m³；

　　　V——沉井在地下水位以下的体积（m³）；

　　　R_1——刃脚下地基极限承载力（kN），当采取掏刃脚下沉时取 0；

　　　U——侧壁外围周长（m）；

　　　n——刃脚斜面与土壤接触面的水平投影宽度（m）；

　　　R_k——地基极限承载力（kPa）；

R_2——隔墙和底梁下地基极限承载力（kN），当采取掏刃脚下沉时取 0；

A_1——隔墙支承面积（m^2）；

A_2——底梁支撑面积（m^2）。

（2）当井（箱）内填砂处理时，式(2.7-2)中的 R_1、R_2 应按现行国家标准《建筑地基基础设计规范》GB 50007 的规定进行深度修正，且应增加刃脚处砂对刃脚的摩阻力值。

（3）下沉系数宜为 1.05~1.25，在下沉过程中遇有软弱土层时宜为 0.8~0.9。

（4）沉井多次制作下沉时，接高稳定性验算：

$$k_c < 1.0 \tag{2.7-5}$$

$$k_c = \frac{G_{kc} - F_u}{T_f + R_1 + R_2} \tag{2.7-6}$$

式中 k_c——接高稳定性系数；

G_{kc}——接高后的井（箱）体重量（kN）；

F_u——下沉过程中气压或地下水的浮托力（kN），当沉井下沉时，取 $F_u = F_w$，当气压沉箱下沉时，取 $F_u = F_g$。

2.7.2 封底混凝土

1. 水下封底混凝土的厚度计算

$$h_t = \sqrt{\frac{5.72M}{b_0 f_t}} + h_u \tag{2.7-7}$$

式中 h_t——水下封底混凝土厚度（mm）；

M——每米宽度最大弯矩的设计值（N·mm）；

b_0——计算宽度（mm），取 1000mm；

f_t——混凝土轴心抗拉强度设计值（N/mm^2）；

h_u——附加厚度（mm），可取 300mm。

此外，水下封底混凝土的厚度还应符合井（箱）体的强度和抗浮要求。

2. 沉井抗浮验算

$$k_f = \frac{G_{1k}}{F_k'} \tag{2.7-8}$$

式中 k_f——抗浮系数，$k_f \geqslant 1.0$；

F_k'——基底的水浮托力标准值（kN）；

G_{1k}——下沉到设计标高后井（箱）体的重量标准值（kN）。

注意：当封底混凝土与底板间有拉结钢筋等可靠连接时，封底混凝土的自重宜计入抗浮重量的一部分，且 k_f 应大于 1.05。

3 超大直径钢筋混凝土顶管管节制作

3.1 管节制作技术要点及关键工序

综合国内钢筋混凝土管材生产现状，内径达 $\phi 4000mm$ 超大直径的管材尚无生产先例，属国内首次开发应用。经科技查询，国外除美国仅有 $\phi 3657mm$ 直径钢筋混凝土管的报道文献外，能够生产 $\phi 3500mm$ 直径管材的也仅限少数几个发达国家，结合工程施工的实际，管道敷设沿线的道路条件及井位设置因素决定了工程施工需采用长距离顶进敷设，输送管线将穿越地铁、立交桥等复杂的构筑物，诸多的外部条件对管材的直径、结构强度提出了高要求，同时对管材接口的精度、接口止水密封性能提出了须达到零渗漏这一近乎苛刻的要求。

1. $\phi 4000$ 钢筋混凝土管管节研制的技术要点

（1）超大直径（钢筋混凝土管直径达到 4000mm 已经是设计、生产、施工的极限，更何况工程需要深覆土和高水压的工况要求）。

（2）高强度（除管体本身的自重，高水压 0.2MPa 以上的管道运营环境对混凝土提出了新要求）。

（3）承插口双道止水（在确保正常内水工作压力的同时，管体接头达到零渗漏）。

2. 管节生产制作的关键工序确定

（1）高强度耐久性混凝土配合比的设计。

（2）高精度几何公差的管节生产、制作，钢模和钢筋骨架成型设备的设计加工。

（3）突破钢筋混凝土管的传统制作工法，根据科研得到的数据，制定严格的生产制作工艺和产品质量验收标准。

3.2 管节钢模的设计与制作

钢模是管节生产制作产品质量的保证。钢模的加工精度保证了管节的几何尺寸精度，钢模的结构刚度、强度是管节连续生产过程中产品质量稳定的保证。综合钢筋混凝土管立式振动成型方式的钢模结构形式，通常是二瓣圆形结构，或三瓣圆形结构，即将两片（或三片）弧形模具拼装组合成要求的圆形。在设定的 2.5m 的管节长度内，确保模具的加工精度是比较困难的，特别是要在管体插口工作面设置两道橡胶密封圈，使之与承口工作面的公差相匹配。传统管节钢模结构形式的设计是不能满足大直径管节的生产要求。

1. 结构形式

为确保 $\phi 4000mm$ 大直径钢承口式钢筋混凝土排水管在生产过程中管体承口、插口几何尺寸的制作公差达到设计图纸要求的精度。每套钢模板由内模板、外模板、底模板、插口模板四部分组成。

（1）钢模板的总装如图 3.2-1 所示。

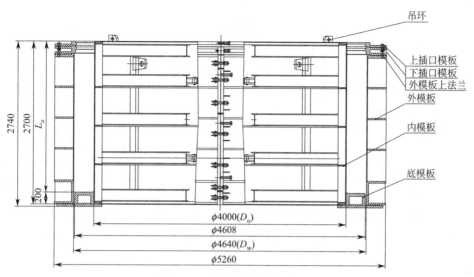

图 3.2-1　钢模板总装图（mm）

（2）外模的结构内径尺寸按管体结构设计图确定的管体外径几何尺寸（D_w）确定。整体结构制作由两个半圆组合而成。成圆组合由两瓣半圆钢模筒体上轴向加肋筋板的连接装置通过螺栓连接。为保证外模具有足够的刚度，外模的筒体除加设了 16 道厚度为 $\delta=25$ 的环向筋板、16 道轴向 22 号工字钢外，上端部加设一道钢法兰（法兰厚度为 50mm）。下端部加设一道 480mm 钢套筒。

（3）内模板

内模板的结构根据管体成型工艺的要求采用三块弧形部件拼装成圆（其中两块弧长均约为 $35\Pi D_0/72$ 和一块弧长约为 $\Pi D_0/36$ 的圆弧板），整个内模的成圆定位由一块弧长约为 $\Pi D_0/36$ 的楔形圆弧钢板的两侧与对应接触的两块弧长为 $35\Pi D_0/72$ 的圆弧的两个斜楔面扩张确定。为保证内模上、下的同心度，内模上、下两端分别加设一道 $\delta=30$ 经车制加工的法兰。内模结构的加工外径按管体结构图管体内径（D_0）确定。

（4）底模板结构采用铸钢件，经车制加工。底模板上安装钢套环的平直段直径由钢套环内径确定。底模板内径与内模板安装结合面上，车制两道燕尾槽。配置两道橡胶密封圈，用于密闭底模板与内模结合面的缝隙。

（5）钢模板技术要求如下：

①钢模板制作加工所使用的板材应符合《碳素结构钢》GB/T 700 中 Q235-A 级的规定。使用的其他型钢材料应符合相关标准的规定。

②钢模板焊接件的焊接质量应符合《建材机械钢焊接件通用技术条件》JC/T 532 中的相关规定。

③铸钢件的材料加工应符合《建材机械用铸钢件　第 2 部分：碳钢和低合金钢铸件技术条件》JC/T 401.2 的规定。

④所有结构尺寸偏差均按图样中标定的误差加工。图样中未注公差线性尺寸的机械加

工部位应符合《一般公差 未注公差的线性和角度尺寸的公差》GB/T 1804 中的相关要求，非机械加工部位应符合《一般公差 未注公差的线性和角度尺寸的公差》GB/T 1804 中相关的要求。

⑤由两瓣半圆组合成圆的插口模板、外模板上法兰、下钢套筒（包括内模板上、下部定位法兰）必须先将合圆连接面加工完成后，经合圆再进行整体车圆金加工。

⑥铸钢件加工的底模板、插口模板应放足加工量，经金加工后，加工面上不得有斑痕、凹坑或有未加工的平面。

2. 钢模板的制作

（1）外模板

①外模板的筒体、筋板材料的焊接成型应符合《建材机械钢焊接件通用技术条件》JC/T 532—2007 的相关规定。

②筒体的内表面不允许有裂缝、麻点、疤痕和锈蚀等缺陷。内表面焊缝应磨平（原则上筒体采用整幅钢板卷曲制作），金加工表面的粗糙度 Ra 最大允许值 25。

③外模板下端部结构配置一道内径经金加工的定位钢筒套，筒圈的高度不小于 450mm。上端部配置的法兰高度不小于 50mm。上部法兰、下部筒圈与外模筒体对接焊接后圆心必须重叠，不得偏移，直线度控制在 ±1mm。

④外模板制作成型后，上法兰与下筒套的内径误差控制在 0.5~2mm。外模板制作成型后高度误差控制在 1‰。

⑤外模板环向加固的肋板必须采用不小于 22 号的工字钢，纵向加固的筋板厚度不得小于 30mm。

（2）内模板

①内模板上、下部各配置一道高度不小于 50mm 的法兰圈，外圆必须经过车圆金加工。

②内模板筒体板材厚度不小于 12mm，经与上、下定位法兰焊接后，上、下法兰必须圆心重叠，不得有偏差。直线度控制在 ±1mm。

③内模板加强筋板的外径必须经过车圆金加工。筒体表面不允许有裂缝、麻点、疤痕和锈蚀等缺陷。

④内模板直径误差控制在 ±2mm，内模板长度误差按 1‰控制。

⑤内模板组圆后，三块弧形钢板拼接后的相互间隙不大于 0.4mm。

（3）底模板

①底模板的结构采用铸钢件，经车制金加工后结构厚度不小于 50mm。

②底模板与内模板结合面设置 1 或 2 道燕尾槽用以安装橡胶密封圈，内径误差控制在 2~3mm，与钢套环结合面的外径控制在 −1~−0.75mm。

（4）插口模板

①插口模板结构采用铸钢件。由上、下插口模板组合而成，组合连接采用 $M=36$ 的螺栓。

②上、下插口模板单体均为两个半圆组合成圆。组合成圆的合缝面必须经过金加工，组圆结合面以"线"接触。

③上、下插口模板采用螺母、螺杆环向成圆收紧和环向定位的方式，且在环向两个半圆接触面部分，设置环向顶进开启装置。

④上、下插口模板的连接采用轴向收紧（螺栓收紧）、轴向定位（轴销定位）的方式。

⑤上、下插口模板对于管材工作面部分直径误差控制在±0.5mm。

（5）螺栓

①合口螺栓材料的机械性能不低于《优质碳素结构钢》GB/T 699 中 45 号钢调质后的要求。

②连接螺栓材料的机械性能不低于《紧固件机械性能螺栓、螺钉和螺柱》GB/T 3098.1 中的 8.8 级。

（6）螺母

①合口螺母材料的机械性能不低于《优质碳素结构钢》GB/T 699 中 45 号钢调质后的要求。

②连接螺母材料的机械性能不低于《紧固件机械性能 螺母》GB/T 3098.2 中的 8 级性能等级。

3. 钢模板装配达到的技术要求

（1）内模板

①管模板在同一截面上任选四条直径测量几何尺寸，应控制在（+1，−0.5）的范围内，模板拼接部分的弧线过渡圆滑。

②管模板内径上、下法兰直线度控制在±1mm。

③由三瓣圆弧钢筒组合成圆的内模板，三道合缝间隙不大于 0.4mm。

④管模板的环向加强肋板配置必须平直。

（2）外模板

①外模板由两瓣半圆钢筒组合成圆后，两侧的合缝间隙不大于 0.4mm。

外模板内径控制在（+0.5，+2）范围内。

②管模板外表面无毛刺、锐边、焊渣碰伤等影响外观质量的缺陷。

③管模板的纵向、环向加强肋板、筋板配置平直。焊接接头结合面错位小于 1mm。

（3）管模板公称长度

①内模板、外模板制作长度误差按长度的 1‰控制。

②内模板、外模板组装后，内模板、外模板（包括插口模板与外模板组装后）两者相对高度控制在±1mm。

（4）插口模板

①上、下插口模板组装后，接缝平面应平整，工作面直径 D_g 误差控制在±0.5mm。

②下插口模板与外模板上法兰连接平面应平整，连接部分的轴向不允许有凹台偏差。

（5）底模板

①底模板结构经加工后，所有结构厚度不小于 50mm。

②底模板上安放钢套环的工作面（与钢套环内径 D_H 对应）定位长度不小于 60mm。

③底模板与内模板安装定位后，配合间隙不大于 1mm。

本次试验制作了一套钢模板（图 3.2-2），经验收，其制作精度达到了上述精度要求。

4. 钢模板的检验方法

（1）主要零部件检验

筒体表面质量：用粗糙度样板对比测量。

筒体直线度：在模板的内（外）表面任取 3～6 处，沿筒体平行方向拉一紧绷的细线，用钢尺或塞尺测量该线与被测面之间的间隙。

插口模板工作面直径 D_g：用卡尺或钢卷尺测量。

底模板工作面直径（相当于 D_H）：用卡尺或钢卷尺测量。

底模板内径（相当于 D_0）：用卡尺或钢卷尺测量。

（2）钢模板组装后检验

内模板直径 D_0：组合模板后，过内模板圆心任取 4 条直径，用卡尺或钢卷尺测量。

图 3.2-2 钢模板实物图

外模板的内径 D_w：组合模板后，用钢卷尺测量，测量点不小于 4 点。

钢模板公称长度 L_0：用钢尺测量。

钢模板合缝间隙：用塞尺测量。

底模板与内模板配合间隙沿配合圆周接触面：用塞尺测量。

圆周壁厚误差：组合模板后，过圆心任取 4 条测量内模板、外模板的直径。

外观质量：用目测和手感法测量。

3.3 管节制作半成品及材料要求

1. 钢筋骨架的成型

管节钢筋骨架成型使用的钢筋采用强度较高的冷轧带肋钢筋。钢筋构件的弯制、安装、焊接严格按技术操作规程实施。整个钢筋骨架的定位必须在定位架上定位成型，内外两层环筋钢筋用 CO_2 保护焊焊接定位。钢筋焊接质量符合《混凝土结构工程施工质量验收规范》GB 50204 的要求。

2. 钢筋骨架的成型工艺

钢筋骨架的纵向筋采用调直切断机将 Φ10mm 盘圆冷轧带肋钢筋经调直处理后定长切断。环向钢筋使用 Φ12mm 盘圆冷轧带肋钢筋经自动滚焊机焊接成型。

3. 钢筋滚焊机的研制

在消化吸收德国 MBK 系列滚焊机的基础上结合多年来管材生产的经验，对于 ϕ4000 大直径管节 50 根 Φ10mm 纵向钢筋与 Φ12mm 间距为 50～90mm 的冷轧带肋环向钢筋构成的钢筋骨架，钢筋滚焊机主

图 3.3-1 可变径钢筋滚焊机

机焊机转盘的转速不低于 4r/min，保证每分钟的焊点不小于 200 个点，主机焊接转盘可自动变径，转盘线速度为 0.6m/s。可变径钢筋滚焊机见图 3.3-1。

滚焊机主要技术指标见表 3.3-1。

滚焊机主要技术指标　　　　　　　　　　　表 3.3-1

项目	指标	项目	指标
焊接钢筋直径	6～12mm	纵筋设置	50 根
焊接钢筋骨架长度	3000mm	环筋间距可调范围	0～150mm
转盘可变直径范围	2400～4700mm		

焊接变压器采用内芯式冷却，可控硅元件采用西门子品牌。

4. 钢筋骨架的质量检验

见表 3.3-2。

钢筋骨架的质量检验　　　　　　　　　　　表 3.3-2

项目	指标	项目	指标
骨架直径	±5mm	环筋数量	0～1 圈
环筋间距	±5mm	混凝土保护层厚度	±5mm
骨架长度	0～10mm	纵筋长度	0～5mm
纵向间距	±10mm		

5. 混凝土配合比的设计

管节混凝土配合比设计采用高强度、耐久性混凝土，混凝土配合比设计指标要求见表 3.3-3。

混凝土配合比的设计指标要求　　　　　　　　　　　表 3.3-3

项目	指标	项目	指标
氯离子扩散系数值	$\leqslant 1.2 \times 10^{-8} cm^2/s$	平均气温	>15℃
混凝土总碱含量	$\leqslant 3.0 kg/m^3$	水泥强度等级	52.5MPa 普通硅酸盐水泥
电通量	≤1000C	黄砂	细度模数 2.3～3.0 中砂
混凝土强度等级	C50	粗骨料	细度模数 15～25 碎石或
抗渗等级	P8		细度模数小于 31 的碎石
混凝土坍落度	60±20mm	减水剂	聚羧酸系列高效减水剂

6. 原材料要求

（1）水泥

水泥采用强度等级不低于 52.5 级的普通硅酸盐水泥，其性能应符合标准的规定。水泥进厂应有质保书，水泥中氯离子含量不得超过 0.06%，碱含量不得超过 0.60%，铝酸三钙（C_3A）含量不得超过 8%。不同厂家、不同品种、不同强度等级的水泥不得混用，水泥中不应有夹杂物和结块现象。在选用或更换水泥品种之前，应对水泥与所使用的掺合料、外加剂进行复配试验（图 3.3-2）。

（2）骨料

细骨料采用硬质中砂，细度模数为 2.3～3.0，

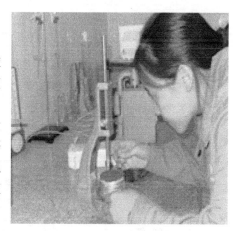

图 3.3-2　复配试验

含泥量≤1.0%，不允许有泥块存在。粗骨料最大粒径不得大于环向筋净距的 2/3 且不得大于 40mm。骨料检验应符合《普通混凝土用砂、石质量及检验方法标准》JGJ 52 的规定。宜采用粒径 5～25mm 连续级配的碎石（5～16mm 占 30%～40%，16～25mm 占 70%～60%），压碎指标≤12%，含泥量≤1%，针片状含量不宜大于 12%。

（3）掺合料

混凝土中掺入的掺合料、粉煤灰必须符合《用于水泥和混凝土中的粉煤灰》GB/T 1596 的规定，矿粉必须符合《用于水泥、砂浆和混凝土中的粒化高炉矿渣粉》GB/T 18046 中 S 95 级的规定，外加剂应采用聚羧酸系列，并符合相关的规定。减水剂的砂浆减水率≥18%。

（4）混凝土用水

混凝土用水应符合《混凝土用水标准》JGJ 63 的规定。

（5）钢筋

钢筋采用热轧带肋钢筋和 CRB550 冷轧带肋钢筋，其性能应符合相关规定。钢筋进厂应有生产许可证、出厂证明和产品合格证，并经复验合格，满足要求方可使用。

（6）钢承口

钢承口采用 Q345B 级 16Mn 低合金结构钢。

（7）止退环

止退环采用 Q235B 级普通碳素结构钢。

（8）楔形橡胶圈

楔形橡胶圈采用氯丁合成橡胶或三元乙丙橡胶，橡胶圈的截面几何尺寸公差应符合设计图纸的要求。当施工期间气温≥15℃时使用氯丁橡胶，当气温<15℃时使用三元乙丙橡胶。氯丁合成橡胶圈主要物理力学性能见表 3.3-4。三元乙丙楔形橡胶圈主要物理力学性能见表 3.3-5。

氯丁合成橡胶圈主要物理力学性能要求　　　　　　　　　　　表 3.3-4

项目	指标
邵氏硬度	48 度±3 度
拉伸强度	16MPa
伸长率	425%
拉伸永久变形	15%
最大压缩变形(70℃,22h)	25%
老化试验(70℃,7d)拉伸强度降低值	20%
老化试验(70℃,7d)扯断伸长率降低值	30%±10%
耐酸碱系数	0.8(酸溶度 20%,20±2℃,24h)
防霉要求	一级

三元乙丙楔形橡胶圈主要物理力学性能要求　　　　　　　　　　表 3.3-5

项目	指标
邵氏硬度	48 度±3 度
拉伸强度	≥10MPa

项目	指标
扯断伸长率	≥370%
压缩永久变形(100℃,22h)	≤25%
老化试验(100℃,7d)硬度变化	−5度~+8度
老化试验(100℃,7d)拉伸强度降低值	≤20%
老化试验(100℃,7d)扯断伸长率变化	−30%~+10%
耐低温(低温脆性)	−40℃
耐热水(体积变化)(蒸馏水80℃,7d)	0~8%
耐臭氧(200ppm40℃,7d)(拉伸25%)	不裂
防霉要求	一级
橡胶圈的外观和任何断面	都必须致密、均匀,无裂缝、孔隙或凹痕等缺陷,橡胶圈应保持清洁、无油污,贮存、堆放应避免阳光直晒

（9）遇水膨胀橡胶

遇水膨胀橡胶的物理性能（邵氏硬度、拉伸强度、体积等）除应符合相关标准的要求外，断面的几何尺寸还应符合设计图纸的要求。膨胀倍率取100%~150%。

（10）木衬垫

木衬垫采用多层胶合板材或除疖松木板，木衬垫板在受压状态下的应力、应变曲线应符合设计图纸的要求，根据工程顶进的需要，厚度按不同的顶进曲率选用12~30mm。衬垫表面不应有剥离、木疖。

（11）密封胶

密封胶宜选用抗微生物侵蚀的双组分聚硫密封胶，应满足行业标准《聚硫建筑密封胶》JC/T 483及表3.3-6的技术要求。

双组分聚硫密封胶技术要求　　　　　　　　　表3.3-6

项目	指标	项目	指标
密度	规定值±0.1g/m³	拉伸模量(23℃、−20℃)	≤0.4N/mm² 和≤0.6N/mm²
颜色	灰色	定伸粘结性	无破坏
表干时间	≤24h	浸水后定伸粘结性	无破坏
适用期	≥2h	冷拉-热压后粘结性	无破坏
下垂度	≤2mm	质量损失率	≤5%
弹性恢复率	≥70%		

（12）同时使用的材料必须经发包人批准，并提供以下材料：

① 密封胶热氧老化性能报告（带有CMA章）；

② 密封材料抗微生物检测报告。

（13）承包人对密封胶的作业在征询发包人意见的前提下应符合以下原则：

① 清除需涂胶表面的灰尘、油污、水分等；

② 混凝土表面涂冷底子油；

③ 用刀将喷嘴切成适宜的斜面，管口充分刺开，用挤胶枪涂到施工部位；

④ 施工温度一般在5~40℃，65%~75%RH较佳。

（14）附件

对特殊管节插口部分使用的型钢钢板条插口除几何尺寸符合设计图纸要求外，材料特性应符合《碳素结构钢和低合金结构钢热轧钢板和钢带》GB/T 3274 标准的规定。

7. 管节生产试制

根据项目研究实施要求的安排，在管体结构力学分析、模拟试验的基础上，针对性地对科研研究得到的数据进行验证。试制生产管节进行模拟工程实际工况条件下进一步的研究，以期达到优化管体结构设计和生产制作工艺标准的目的。

（1）试生产场地的布置

管材试生产安排在企口管车间东侧露天场地进行，沿南北走向整条生产线占地 $15000m^2$，内设两台 32t/5L 型行车作为管材生产、运输及堆放的起重设备，行车的轨距为 26m，两侧外伸悬臂各 8m，行车轨道总长近 350m。行车运行线下作为管材混凝土生产浇捣成型区，布置一套 $\phi4000 \times 2500$ 钢模，管材试生产过程中的钢模拼装、混凝土浇捣成型、蒸汽养护等生产制作工序全部在 32t/5L 型行车下进行。

（2）钢筋成型车间

管材试生产钢筋骨架成型制作，安排在公司 1 号管材生产线南侧新建的管材生产钢筋成型车间内进行。配置各类钢筋成型设备，进行钢筋切料、配料、弯曲、弯弧焊接成型作业。车间占地面积 $1500m^2$，配有两台 15T/5L 双梁行车。为确保钢筋骨架生产制作的质量与数量，对钢筋骨架的成型方式，采用滚焊成型。启用新设计制作的 $\phi4000$ 牵引式滚焊机，整个钢筋成型车间内，配置适量的 CO_2 保护焊机。

3.4 管体生产制作成型工艺

1. 管模板组装

见图 3.4-1。

①内、外模板、底板与产品相接触的表面，管模板上、下端面及管模板两块模体相接表面处及管模板紧固面均应清理干净，铲除混凝土余浆，然后均匀涂刷隔离剂。

图 3.4-1 管模组装

②先将钢套环沿底板外侧套入，安放平整，套环的制作应符合设计规定的要求。

然后在钢套环与底板上口接触处放橡胶止水圈并钳紧，粘贴遇水膨胀橡胶条，再放置钢筋骨架。

③将钢筋骨架放置在底板上，焊接钢套环锚固钢筋，就位准确后吊入内模，并调整到规定尺寸。在内模上口装置的压浆孔应符合设计的规定，并与钢筋骨架电焊连接牢固。

④平稳拼装外模，在外模板与钢套环上口外端接触处做好止浆措施。

⑤在外模直径方向对称安装管子起吊锚具。

⑥在插口模板上两道12×25钢环，按设计图纸的要求放置就位，并与钢筋骨架进行锚固焊接。

⑦放置外模板纵向上浆条，收紧外模板螺栓，使外模板连接紧密，并在设计要求偏差范围内。

⑧模板组装操作工必须认真做好管模板组装原始记录。

⑨质检人员对组装完毕的钢模板做好专检检查，测量上口内、外直径，使之在设计规定的偏差范围内，按过程控制的规定做好记录。

2. 混凝土浇捣

见图3.4-2。

①在管模板内浇灌混凝土时应保持四周均匀下料，待料达到500mm高度进行振捣，然后再均匀布料振捣，交替进行。每次加料高度不应超过500mm，用插入式振捣器逐段均匀插透。

②在振捣时应快插、慢拔，加强两人结合位置的振捣以保证无漏振。

③混凝土浇灌至管模板顶面后，及时清除上部浮浆和四周余渣，进行第一次抹面。根据天气情况，在适当的时间内进行一次复振，排除多余空气和水，然后再进行第二次抹面（图3.4-3），以内、外模板水平平面为基准进行，除去多余的浮浆，力求端面光洁、平整，误差控制在设计规定的范围之内。

图3.4-2 混凝土浇捣

图3.4-3 抹面

④必须认真做好管体混凝土浇捣原始记录，并做好专检工作和记录。

3. 拆模板与养护

①根据天气情况掌握拆模板时间，拆模板时必须确定外钢模板全部脱离产品外表面

后，方可吊移外钢模板，见图 3.4-4。

②吊拔内钢模板时，应先将内模板收缩至全部脱离产品后，再将吊钩位于产品内中心缓缓提起内模板并外移。

③及时清除内外模板混凝土余浆，并对产品的外观进行整修。

④对产品进行蒸汽养护，养护制度由公司试验室提供。

⑤蒸汽养护的时间，升温、降温制度由试验室经试验后确定并监督执行。

⑥产品脱模翻转的强度运移应不低于设计强度的 70%，产品进入堆场应进行适当的湿水养护，见图 3.4-5。

⑦产品的翻转、驳运应采用专用的工夹具。

⑧产品堆放时，应用专用垫木或橡皮条垫放在产品下部，防止产品滑动及保护产品的承插口不受损伤，竖立贮存时承口端（钢套环）严禁向下。

图 3.4-4　拆模板

图 3.4-5　脱模翻转

3.5　管节关键参数确定

1. 管体几何尺寸公差的确定

见表 3.5-1。

管体几何尺寸公差的确定（mm）　　　　　　　　　表 3.5-1

管内径 D_0	管壁厚 t	插口尺寸			钢承口尺寸		
		D_1	D_2	L_1	D_3	L_2	L_3
4000 ± 2	320 ± 5	4578 ± 1.5	4602 ± 1.5	198 ± 2	4610 ± 1.5	200 ± 1	380 ± 1
管体长度 L_0		端面平整度			管体端面倾斜		
2500^{-2}_{+4}		±1			$\leqslant5$		
混凝土钢筋保护层		管道内侧			管道外侧		
		40 ± 5			35 ± 5		

2. 橡胶密封圈技术参数的确定

通过管体接口水密性能的试验，楔形橡胶圈的定长、伸长率和在工作面的压缩比直接影响了管体接口的密闭性能，确定的楔形橡胶圈技术参数除橡胶圈的物理性能指标外，南线干管工程 ϕ4000 钢承口式钢筋混凝土管楔形橡胶圈的长度定为 12870mm、伸长率为 12%、压缩比为 40.7%。

3.6　管节内水压与外荷载检验

这两项涉及管节结构性能的检验由上海建筑研究院进入现场进行了测试，测试结果见表 3.6-1。内水压检验见图 3.6-1，外压荷载检验见图 3.6-2。

管节内水压与外压荷载检验结果　　　　　　　　　　　　表 3.6-1

检测项目	设计要求	检验结果	单项评定
外压	设计裂缝荷载 250kN/m 作用下要求管节表面裂缝≤0.2mm	管节表面裂缝达 0.2mm 时，实测裂缝荷载为 300kN/m	满足
	设计破坏荷载 375kN/m 作用下要求管节未破坏	实测破坏荷载＞394kN/m	满足
内水压	加压到 0.24MPa，恒压 10min，管节表面允许有潮片，潮片面积＜5%表面积，但不能有水珠流淌	加压结束后，管节表面无潮片，且无水珠流淌	满足

图 3.6-1　内水压检验

图 3.6-2　外水压荷载检验

4 超大直径钢筋混凝土顶管施工技术

4.1 超大直径智能顶管机及配套设备

4.1.1 顶管机分类

维持开挖面稳定是顶管掘进机的重要性能，不同土质需要用不同性能的顶管掘进机，一般的顶管掘进机分类都是以顶管掘进机维持开挖面稳定的性能作为分类原则。故可将顶管机分为两大类：①敞开式顶管机，该机在工作面与后续管道之间没有压力封闭区。这样，操作人员可方便地进出工作面，有利于采用机械作业。②平衡式顶管机，该机在工作面与后续盾尾之间设有一道封闭的压力墙，以此建立顶进施工的压力平衡机制。同时，根据所使用的压力平衡介质的不同，还可将其分为土压平衡顶管机、泥水平衡顶管机和气压平衡顶管机，见图 4.1-1。

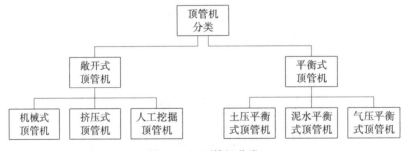

图 4.1-1 顶管机分类

1. 敞开式顶管机

（1）机械式顶管机

指采用机械方法掘进的顶管机，例如全断面钻削、滚削等。挖掘机械有固定的，也有移动的。这种顶管机是借助于装备在内部的挖掘机实现挖掘顶进，顶管机适用于整体稳定性较好的土层，如胶结土层和强风化岩等。

（2）挤压式顶管机

依靠顶力挤压出泥的顶管机，最适用于具有流塑性较好的软土层。挤压式顶管机在这层土中施工效率很高。

（3）人工挖掘顶管机

采用非机械的人工破碎顶进工作面土层的施工方法。这是一种最简单的顶管机，工作面一目了然，适用于土体稳定、强度较低的土体。最简单的人工挖掘式顶管机只有一个两段顶进工具管，包括装有楔形切割岩土刃口的圆柱形钢筒、液压纠偏油缸、一个传压环和一个导向密封的第一节顶进管道的盾尾等。

2. 土压平衡式顶管机

具有适应土质范围广和不需要采用任何其他辅助施工手段的优点。这种土压平衡式顶管机越来越受到业内人士和技术人员的欢迎。

在顶进施工中，利用土舱内的压力和螺旋输送机的排土来平衡地下水压力和土压力。该法掘进机排出的土可以是含水量较少的干土或含水量较多的泥浆，一般都不需要再进行泥水分离的二次处理。随着土砂泵的应用，该工法将会更加得到普及推广使用。

土压平衡式顶管施工工法也和泥水平衡式顶管施工工法相类似，分为能实现土压平衡功能和无土压平衡功能两种。通常，该掘进机泥土舱内的土可用机械方式搅拌成具有较好塑性和流动性及较好止水性的"三性"土，使得泥土舱内的土能够均匀灵敏地反映土压力，从而就可实现土压平衡。反之，则不能实现土压平衡。

（1）土压平衡式顶管机分类

通常有 3 种分类方法：

第一种是按泥土舱中充填的泥土类型划分，可以分为泥土式顶管机、泥浆式顶管机和混合式顶管机（图 4.1-2）。

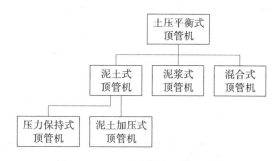

图 4.1-2　土压平衡式顶管机分类

其中，泥土式顶管机又分为压力保持式顶管机和泥土加压式顶管机。压力保持式就是使泥土舱内保持足够压力，以阻止挖掘面产生坍方或受到压力过高的破坏。泥土加压式就是使泥土舱内的压力达到挖掘面土层主动土压力上再加一个增量 Δp，以防止挖掘面产生坍方。

泥土加压式是指排出含水量相当大的弃土。这种含水量大可能是地下水丰富，也可能是人为地加入添加剂所造成的。后者大多用于砾石或卵石层。由于砾石或卵石在挖掘过程中，不具有上述"三性"特征，在加入添加剂以后就使它具有较好的塑性、流动性和止水性的特征。它与泥水式顶管机的区别在于，前者采用的是管道及泵来排送泥浆，而后者则是采用螺旋输送机排土。

混合式则是指以上两种方式都有，具有代表性的是气泡法顶管。上述分类可对土压工艺加以区分。

第二种分类方法是根据土压式顶管机的刀盘形式划分，可分为有面板刀盘和无面板刀盘两种。有面板的顶管机土舱内的土压力与面板前挖掘面上的土压力之间存在有一定的压力差。而且，这个压力差的大小与刀盘开口率为反比，即面板面积越大，开口率越小，则压力差也就越大；反之，则相反。对于无面板刀盘的顶管机来说，土舱内的土压力就是挖掘面上的土压力。

第三种分类方法是按照顶管机有无加泥功能来划分，可分为普通土压式顶管机和加泥式顶管机两种。所谓加泥式顶管机就是具有改善土质功能的一种顶管机。它可以通过设置在顶管机刀盘及面板上的加泥孔，把黏土及其他添加剂的浆液加到挖掘面上，然后再与切削下来的土一起搅拌，将原来流动性和塑性较差的土变成流动性和塑性都较好的土，并改善原来止水性差使之变成止水性好的土。从而可极大地扩大土压式顶管机适应土质的范围。

（2）土压平衡式顶管系统

土压平衡式顶管系统，可分为掘进机、排土机构、输土系统、土质改良系统、操纵控制系统和主顶系统6大部分。

在掘进机中，引入土压平衡这一概念之后，就使掘进机发生了质的飞跃。

从刀盘的机械传动方式来看，土压式顶管掘进机可分为3种形式：

图4.1-3是中心传动形式。它的刀盘安装在主轴上，主轴用轴承和轴承座安装在壳体的中心。驱动刀盘的可以是单台电动机及减速器，也可以是多台电动机和减速器，还可以采用液压电动机驱动。中心传动方式的优点是传动形式结构简单可靠、造价低，主轴密封也较容易解决。缺点是掘进机直径越大，主轴越粗，主轴太粗后使它的加工和连接等都会增加困难。因此，这种传动方式适宜在中小直径和一部分刀盘转矩较小的大直径顶管掘进机中使用。

图4.1-4是中间传动形式。它把原来安装在中心的主轴换成由多根连接梁组成的连接支承架，并把动力输出的转盘与刀盘连接成一体，以改变中心传动时主轴强度无法满足刀盘转矩的状况。这种传动方式比中心传动能传递更大的转矩，但它的结构形式和密封形式都较复杂，造价也较高。它适用于大、中直径且刀盘转矩较大的顶管掘进机。

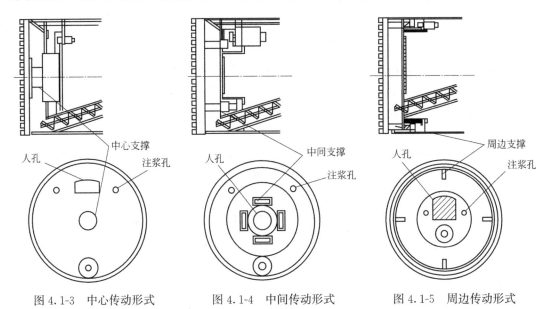

图4.1-3　中心传动形式　　　图4.1-4　中间传动形式　　　图4.1-5　周边传动形式

图4.1-5是周边传动形式。它的结构与中间传动形式基本相同，只不过它的动力输出转盘更大，已贴近壳体。它的优点是传递的转矩最大，缺点是结构更为复杂、造价十分昂贵。另外，它还必须把螺旋输送机安装部位提高，才能正常出土。在设计周边传动形式时，必须保证壳体具有足够的刚度和强度。

（3）土压平衡方法优缺点

采用土压平衡顶管掘进机施工有以下优点：

①适用的土质范围广。从软黏土到砂砾土都能适用。

②能保持挖掘面稳定，地面变形极小。

③施工时的覆土浅。最浅为 0.8 倍顶管外径，这是其他任何形式的顶管施工所无法做到的。覆土太浅时，手掘式顶管地面易坍塌，泥水式和气压式顶管则易冒顶和跑气。

④弃土的运输、处理都较方便、简单。

⑤作业环境好。既没有压力下作业，也没有泥水处理装置等。如采用土砂泵输土，作业环境还会更好。

⑥操作安全很方便。

该法的缺点是：在砂砾层和黏粒含量少的砂层中施工时，必须采用添加剂改良土体。

3. 泥水平衡式顶管机

因它适用的土质范围较广而得以广泛应用，其顶管机的类型也较多；现今生产的先进顶管机大多具有泥水加压平衡功能。

（1）泥水加压平衡基本原理

为了说明使用这种泥水的性能，可通过以下对比试验得以证实。

在两个大小相同的玻璃容器中各放上一块薄隔板，如图 4.1-6（a）所示；分别在两个容器中的隔板左面装满砂土；在两个容器中隔板的右面分别装满清水（左边）和泥水（右边）。清水的相对密度 $\gamma_w = 1.0$；泥水的相对密度 $\gamma_{混} \approx 1.2$，它是由一定比例黏土放入清水，经过充分搅拌调配而成。

当两个容器中的清水和泥水都稳定下来后，轻轻地将两个容器中的薄隔板抽去，如图 4.1-6（b）所示，右面容器中原隔板两侧的砂土与泥水仍没变化，界限仍很分明，而左面容器中则出现了砂土开始下滑至右边清水中的现象。

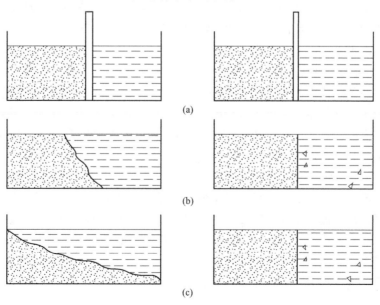

图 4.1-6　清水和泥水性质差别实验

再经过 40~60s，又出现如图 4.1-6(c) 中的情况。即右面容器中的砂土和泥水仍没什么变化，界限仍很分明；左面容器中的砂土已经下滑到整个容器底部。

试验表明：清水不能维持砂土面的稳定；泥水则能维持砂土面的稳定，即保持界面的平衡。砂土和泥水都各自具有一定压力，这个稳定平衡实际是一种压力平衡。即使再过一段时间，右面容器中泥水与砂土界面的平衡仍不会有明显改变。此时，砂土与泥水接触界面上已出现了一层泥皮膜。

这个物理原理，正是泥水加压平衡顶管的最基本原理。泥水加压平衡顶管施工工法正是利用这个原理，在工具管机头的泥水舱中充满一定压力的泥水（而不是清水），使之在挖掘面上形成一层不透水的泥皮膜，既阻止了该泥水向挖掘面渗透，又平衡了挖掘面水压力和土压力。在桩基工程中，水下钻孔灌注桩钻进过程中的泥浆护壁也正是利用了这个基本原理。

（2）不同土质条件的泥水平衡控制

对于不同地层的土质条件，采用泥水加压平衡顶管施工工法所控制的泥水密度是不同的，即在掘进机工具管的泥水舱中控制好一定密度范围的泥水，方能建立挖掘面上的压力平衡，以便顺利顶进施工。

1）对于顶进黏土层

由于其渗透系数较小，无论采用泥水或是清水，都有可能建立压力平衡；尤其是较硬黏土层，土层挖掘面本身相当稳定，不会造成挖掘面的失稳情况。此时，采用土压平衡更方便。

对于较软的黏土层，情况则不同。虽然泥水舱中的泥水压力大于挖掘面土体的主动土压力，从理论上讲可以防止挖掘面失稳，但实际上当顶进停止时间过长，其挖掘面也可能会失稳，从而导致地层损失的地表面下沉。因而，遇到这种情况时，还需将泥水加压的压力适当提高，以保持挖掘面上的稳定平衡。

2）对于顶进渗透系数较小的砂土

这类土一般的渗透系数为 $k \leq 1 \times 10^{-3}$ cm/s。在泥水平衡顶管时，对泥水舱中的泥浆相对密宜适当加大，使挖掘面上的泥皮膜能尽快形成，进而调整泥水压力就可有效地控制住挖掘面上的压力平衡而不致失稳。

3）对于顶进渗透系数适中的砂性土

这类土一般的渗透系数是 1×10^{-3} cm/s$\leq k \leq 1 \times 10^{-2}$ cm/s，容易导致挖掘面的失稳，为保护泥水稳定，必须使掘进机泥水舱中含有一定比例的膨润土及黏土，并保持泥水足够的相对密度，有时尚需加入适量的 CMC 增黏剂，调配好浆液的黏滞性，以保持泥水性质的稳定，进而达到维持挖掘面平衡稳定的目标。

4）对于顶进砂砾土层

因为它本身含黏土极少，而且在泥水的反复循环中又不断地损失了一些黏土，所以应不断地向循环使用的泥水中加入较多黏土（可掺少量膨润土），确保泥水舱中泥水具有高黏度和较大的相对密度。只有这样，才能确保挖掘面上的平衡不出现失稳。

（3）顶管系统

系统可分为 8 个部分，如图 4.1-7 所示。

1）掘进机

它有多种形式，每种顶管掘进机都有它自身构造特点和施工优势，因而也就成为各种

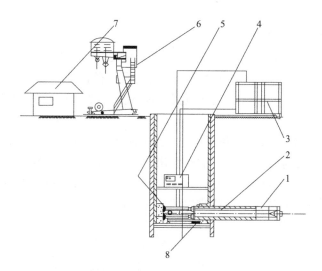

图 4.1-7 泥水平衡顶管系统

1—掘进机；2—进排泥管路；3—泥水处理装置；4—主顶油泵；
5—激光经纬仪；6—行车；7—配电间；8—洞口止水圈

泥水加压平衡顶管施工方法的主要依据。

2）进排泥系统

普通泥水顶管施工的进排泥系统大体相同。从输土泥浆的浓度区分，可将泥水顶管分为普通泥水顶管、浓泥水顶管和泥浆顶管。

普通泥水顶管的输土泥水相对密度在 1.03～1.30，呈液体状。

浓泥水顶管的输土泥水相对密度在 1.30～1.80，多呈泥浆状，流动性好。

泥浆顶管介于泥水顶管和土压顶管之间，属于一种过渡顶管施工。该顶管机头多采用螺旋输送机排土，因而被列入土压顶管施工。

3）泥水处理系统

不同成分的泥水采用不同方式处理。

4）主顶系统

主要包括主顶油泵、油缸、顶铁等。

（4）工法的优缺点

优点：

①适用于各种不同的土质条件，特别是地下水位很高、地下水压力又有较大变化范围时都可施工。

②对顶进管道周围地层扰动少，能维持不同土质挖掘面上的稳定平衡；地层损失小，产生的地表面变形也小。

③顶进施工时的总顶力较小，在黏性土层中可长距离顶进，优于其他类型的顶管工法。

④在沉井内的作业环境较好，能够较安全地实现顶进作业。

因为采用了管道对泥水输送排出弃土，也就不存在吊运土方等易发生危险的操作方式；又因为它是在大气常压下作业，也不存在施加气压建立平衡危及操作人员健康及生命安全等问题。

⑤可连续作业，施工进度较快。

但是，这种顶管工法也存在不足，有待寻求改进：

A. 该法弃土的运输和存放均较困难，尤其是大直径顶管，困难更大。如采用泥浆式运输，用水量较大，成本也较高。若对其进行泥水分离的二次处理，处理起来较麻烦，其处理周期也较长。

B. 该法作业所需场地大；设备复杂且成本高；设备噪声大，对环境仍有污染。如哪一个施工环节出现了故障，相互的影响较突出，甚至可能导致全面停工局面发生。

C. 如遇上顶管的超浅埋土层，或遇上渗透系数特别大的砾砂、卵石层，施工作业往往受阻，如泥水的外溢和渗透，往往难以建立泥水加压平衡机制，造成延误工期。

4. 气压平衡式顶管机

气压平衡式顶管机与泥浆平衡式顶管机的最大区别在于：气压平衡式顶管机通过一个隔板将破碎室分隔为两个区域，后面是压力室，以压力墙为界，在其上部可以形成一个压气区，平衡压力就是通过这一压气区（借助于气压调节装置的压力调节作用）作用于气水不平衡的工作面上。

这样，由于气压区的快速增减压作用，压力室（腔）即可起到缓冲平衡压力的作用。例如，当突然发生平衡介质泄漏的情况（如遇到复杂地层、渗透性大的地层或地层存在空洞等），仍然可以平衡工作面上的地下水压力和土压力，而不致发生工作面的坍塌。

（1）气压施工的特殊要求

气压施工与泥水和土压施工有许多不同之处。第一，压缩空气非常轻，其相对密度是无法调节的；第二，水和泥土的体积都视作不可压缩的，而空气则是可压缩的；第三，具有一定浓度的泥水在土层中是不容易渗漏的，而空气在土层中则很容易渗漏。正因为如此，气压顶管施工对土质及周围环境等条件有特定的要求。

1）对土质的要求

在渗透系数大于 1×10^{-2} cm/s 的砂砾层中，因其透气性大，且地下水也多，即使不把气压提得较高，漏气也会很厉害，顶进作业将会很困难，所以，对此土质条件不宜采用气压施工。

在砂性土中，由于渗透系数不同，透气性也会有大有小。所以，空气的消耗量也就有多有少，再加上其他一些因素，则气压施工就有适合和不适合两种情况。

粉砂层是一种较适合于气压顶管施工的土质，只要它有足够厚的覆土层，或在所顶管道的上方有一层可阻止气压泄漏的黏土层，这样施工起来就较为方便。

如在覆土层较浅的砂性土中顶管，且该覆土层的透气性又好，此时就不宜采用气压施工；不然的话，就会发生很大的危险。

在砂性土中，气压能疏干地下水及增强土的抗剪能力，对稳定挖掘面也是十分有利的。但是，如砂土在长时间失水的情况下，将会变得十分干燥而失去内聚力，反而使挖掘面变得不稳定，极易造成坍塌。

因此，在砂质土中，探讨可否采用气压施工时，必须对砂土的粒径及组成、渗透系数、地下水状况、覆土层厚度以及周围地下及地面的建（构）筑物和地下管线进行细致的分析、研究之后才可作出决定。最后，还要同时考虑是否需要采用必要的辅助施工手段、采用何种辅助施工手段以及万一出现问题时须采取何种应急措施等，都将全面考虑进去。只有这样，才能保证气压顶管施工的安全。

在渗透系数较大的软黏土中，也适宜采用气压顶管施工，它可使挖掘面保持稳定。但如果在黏性土与砂土互层中采用气压施工，由于它的水平渗透系数变化大，其沉降影响范围也会较大，有时还会远远超过理论计算的几倍，对此，必须有充分的估计。

2）对环境的要求

气压施工所用的设备较多，占地也较大。另外，空压机工作时发出的噪声很大，不宜在居民密集的住宅区内采用。同时，考虑到施工后地面有较大的沉降，将可能对周围环境造成什么样的影响，事先也必须估计到。

3）对设备的要求

气压施工尤其是全气压施工中，要求气压站一刻也不能停工，否则，就有可能出安全事故。所以，必须要有备用的空压机，供电也须保证有独立的两个电源。这样，才不会影响正常顶进施工。如无法做到有两路电源供电，则至少也应备用一台机动空压机，以备急用。

4）对作业人员的要求

在全气压施工中，所有进入气压区内作业的人员必须是年轻力壮和身体健康的，也必须是经过严格体格检查被认可是合格的。平时，应对他们提供符合标准的伙食，并应严格地控制规定的作业时间，不允许加班加点。对他们还要定期地进行体格复查和接受必要的测试。为了确保作业人员的安全，在工作场所内应准备好应急用气压舱和快捷的交通运输工具，以备紧急情况下的抢救。

5）其他要求

施工现场的通信联络必须畅通。必须设专人进行安全作业检查。所有测试压力用仪表及管路都应有2套，以便比照、参考和备用。气压舱等设备必须经当地政府的劳动部门出具书面许可证后方可使用。

从以上要求看来，气压顶管施工是一项要求很严格的顶管施工，不宜广泛推广。

（2）气压施工的特点

该施工技术具有的特点是：平衡压力的调节和排泥系统的排量是截然分开的，互不干扰。这样，就可更精确地调节平衡压力，特别是在非均质地层中施工时。另外，当顶进速度在随时变化的情况下，这种施工工艺就更具有特殊的调控功能。

在采用合适的测量装置进行细心地监测、控制和记录的情况下，平衡压力调节的精度为 $(0.05 \sim 0.10) \times 10^5 \, \text{Pa}$（图 4.1-8）。

无论是局部气压施工还是全气压施工，所造成的地面沉降一般都较大。这是因为气压在疏干地下水过程中，会造成土体的压密沉降。另外，在顶进施工过程中又会对土体产生扰动而沉降。气压顶管施工过程的沉降，是上述两种沉降过程的叠加。

由于全气压顶管设备复杂和要求的可靠性很高，劳动强度大，对作业人员的身体健康又有特殊要求和施工效率低下等局限性，因此，除了为排除机械故障和为清除顶进中的障碍以外，很少采用全气压顶管施工。

（3）全气压式顶管

1）原理

为确保工作面的稳定，要求压气的平衡作用必须作用在顶进地层土颗粒上，从而达到

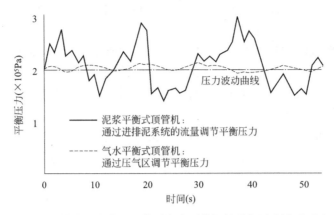

图 4.1-8 气水平衡式和泥浆平衡式顶管机的平衡压力波动对比

对土压力的平衡。其前提条件是地层为不渗透性地层（渗透系数 $k < 10^{-6}$ m/s）或是对工作面进行人工密封。对工作面密封有以下两种方法：

①采用膨润土在工作面上形成隔离膜，见图 4.1-9(a)。

②采用人工土在工作面上形成一道密封屏障，见图 4.1-9(b)。

当采用膨润土浆液作为平衡和输送介质时，自然要在工作面上形成一层泥皮。这是形式最简单、经济上最合算的工作面密封膜。在需要的时间，也可通过加入一些添加剂（如聚合物、锯末和砂等），来改善这种低渗透性膜的性能。在此情况下，该膨润土浆液在工作面上要形成泥皮，通常需要 $1 \sim 2$ d 的时间。但在这泥皮形成之前，还必须对工作面进行机械平衡。

当由于泥皮损坏或者变干收缩，从而引起过多压气泄漏时（可通过检测气体的消耗量得知），则可以向破碎室中重新泵入膨润土浆液，以改善泥皮的性能。在一定条件下，必须采用辅助措施来进行工作面的密封，如可以采用薄膜，或通过注浆方法在工作面的前方形成帷幕，以提高对压气的密封性能。

根据压气的消耗量，可以判断出工作面的密封情况。如果工作面密封不够理想时，可加入人工泥（膨润土、水泥和砂的混合物）解决。具体的操作方法是在压力的作用下，将其压入流态黏稠状物质，见图 4.1-9(b)。在经过一个工作日的硬化之后，在压气的作用下，可以清理出 $30 \sim 40$ cm 的工作面。

这种人工泥土层几乎是不透气的，并且能有效地防止工作面上孔隙水压力的升高。但是，这种工艺方法的缺点在于：人工泥土的硬化需要一整天时间，加上排除障碍物和更换

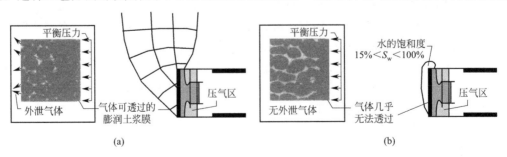

图 4.1-9 气体平衡压力在工作面上作用原理示意图

切削刀具等辅助时间，则施工中断时间要长于前述施工方法。正是由于其可以在压气的平衡下进行长时间的维修作业，所以在此过程中不会发生工作面失稳的危险。

　　2）主要设备

　　全气压顶管施工的主要设备如图 4.1-10 所示。地面上通常由空压机、后冷却器、油水分离器、空气过滤器、储气罐、止逆阀和输气管等组成。常用的空压机有两种结构形式，一种是活塞式，另一种是螺杆式。前者排气温度高、噪声大，但后者价格昂贵。如果局部气压所使用的压力不高，也可用鼓风机来取代空压机。

　　由空压机送出来的压缩空气一般不能直接送到气压舱中去。一方面由于它的温度较高，须经过冷却塔等热交换器将它降到 25℃ 左右才可送到气压舱中去；另一方面由于压缩空气中有润滑油成分和一些尘埃等有害人体健康的物质，也需通过过滤器把它们除净，才可送到气压舱中去。

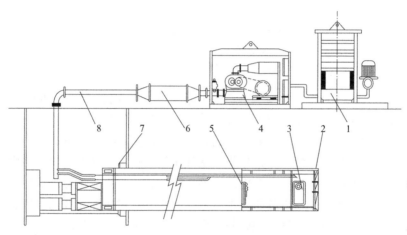

图 4.1-10　全气压顶管施工主要设备
1—冷却塔；2—网格工具管；3—第一道气闸门；4—空压机；
5—第二道气闸门；6—空气滤清器；7—防漏气装置；8—送气管

　　为使供气压力较稳定，大多全气压顶管施工场合下还会增加一个或几个并联储气罐。储气罐容积越大，供气压力波动就越小，压力越稳定，这时的储气罐又能起到蓄能器的作用。

　　全气压顶管施工中，对原有的洞口止水圈、管接口的要求更严，除了止水以外，同时还要防止漏气。全气压顶管的工具管大多采用手掘式，挖土也多用人工，使得工具管的构造较简单。

　　全气压顶管的气压舱有两种结构。一种是在工具管后接上与混凝土管外径一样大的管制成，如图 4.1-11 所示。左边与工具管连通的是工作舱。工作舱内的气压通过工具管敞开的部分作用到挖掘面。它一方面可以疏干地下水；另一方面可保持挖掘面的稳定。气压舱内有两道闸：左边是第一道门，也称第一道气闸；右边是第二道门。在两道门之间的称为增减压舱。

　　(4) 局部气压式顶管

　　1）局部气压概念

　　局部气压施工是指压缩空气仅仅作用在挖掘面上的一种顶管施工，这局部气压是相对

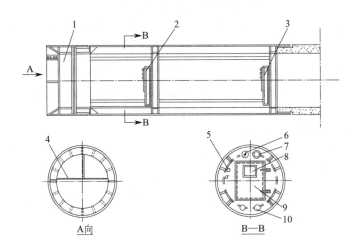

图 4.1-11 钢制气压舱结构构造

1—工具管；2—第一道气闸门；3—第二道气闸门；4—网格；5—电缆；
6—压力表；7—进气管；8—观察窗；9—第一道气闸门；10—进排泥管

于全气压施工而言的。为将压缩空气仅仅作用在挖掘面上而在顶管掘进机中设有一个隔板。它把掘进机分为前后两舱，前舱为气压舱，后舱为工作舱。

压缩空气是通过管道送到气压舱内，而在气压舱内担任挖土任务的多为反铲之类的挖掘臂。挖掘下来的土是通过螺旋输送机将其从气压舱内运出。该螺旋输送机内的弃土正好作为一个土塞，一方面可堵住气压舱内的压缩空气，另一方面可把弃土输出。

局部气压设备没有全气压设备所要求的那么严格，它对压缩空气的温度、洁净程度等这些都不作任何要求。在局部气压顶管施工中，操作人员都是在常压下工作。另外，与全气压顶管施工相比较，它更具有安全、可靠和高效的特点。并且，对压缩空气的压力波动也没有太大的限制，有时可以采用鼓风机取代空气压缩机。

2）局部气压式半机械式顶管机

这是一种典型的半机械式顶管掘进机，具体如图 4.1-12 所示结构。

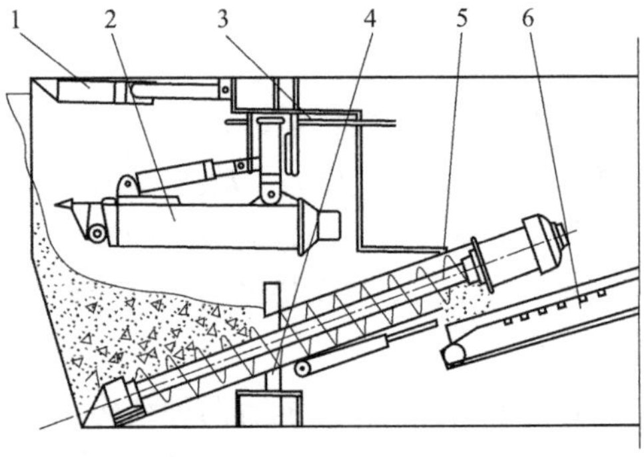

图 4.1-12 中左边为气压舱，也称泥土舱，右边是工作舱，舱内是常压。压缩空气通过输气管送到气压舱内，可以疏干地下水，同时也可以保持挖掘面的稳定。气压舱内有一个由多台油缸控制的具有多个自由度的反铲，就像一只巨大的机械手，它具有挖、铲、扒、压、推等多种功能。弃土由螺旋输送机送出。

图 4.1-12 局部气压式半机械式顶管机

1—纠偏油缸；2—挖土臂；3—送气管；
4—隔舱壁；5—螺旋输送器；6—皮带输送机

安装在局部气压顶管掘进机上的螺旋输送机叶片的螺距要比普通土压式掘进机的密一些，螺旋输送机的长度也比普通土压式掘进机的长一些。因为只有这样，才不容易产生漏气、漏水，才不会产生喷冒。

3）大刀盘切削的局部气压顶管掘进机

另一种是全断面大刀盘切削的局部气压式顶管掘进机，如图 4.1-13 所示。它是在一个密闭的泥土舱内加入一定压力的压缩空气，一方面可以疏干地下水，另一方面可以稳定挖掘面。土舱内的土被刀盘带着旋转，同时又被螺旋输送机送出。

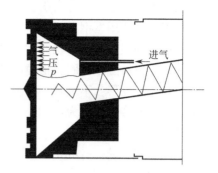

图 4.1-13 大切盘切削的局部
气压顶管掘进机示意图

4.1.2 顶管机选型

正确选择顶管机是顶管施工的首要任务，顶管工程成功与否主要取决于顶管机头设备的选择。不同形式的顶管机具有不同的特点，对各种地质情况的适应性也不同，在实际施工操作过程中的施工效率与地表变形控制精度都是各不相同的。目前顶管机的形式很多、性能各异，如果选择不当，会造成不良后果。顶管施工有一个最突出的特点就是适应性问题，针对不同的土质、不同的施工条件和不同的要求，必须选择或研制与之相适应的顶管施工设备。其选型的依据主要有工程地质和水文地质条件、区间顶管线路条件、混凝土管节结构、管半径及造价、工期、安全及环境保护等，并参照国内外工程实例及相关的技术规范，按照通用性、可靠性、先进性、经济性相统一的原则，进行顶管机合理的设计选型。

4.1.3 智能顶管机成套系统

1. 顶进设备

顶进设备主要有：导轨、后靠背、后座主顶设备和顶铁等，如图 4.1-14 所示。

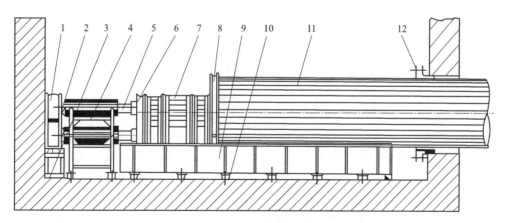

图 4.1-14 智能顶管机顶进设备
1—后座；2—调整垫；3—后座支架；4—油缸支架；5—主油缸；6—刚性顶铁；7—U 形顶铁；
8—环形顶铁；9—导轨；10—预埋板；11—管道；12—穿墙止水

（1）导轨

导轨是安装在沉井内为顶管管段出洞时提供导向基准的设备，为顶管顶进时起导向作用及保护顶进管道不会损伤外层防腐油漆的滑道。导轨本身须具备一定刚度、挺直和耐磨等特性,才能保证顶进管道压上去不变形和顺利滑动。

顶管导轨选用型钢材料制作,通过底板上的预埋件焊接在钢筋混凝土底板上。另外,井壁上预设预埋件,在导轨安装到位后,用型钢在平面方向支撑在井壁上。

导轨定位后必须稳固、正确,导轨应具有足够的强度和刚度,在顶进中承受管节荷载时不位移、不变形、不沉降,在顶进施工过程中进行复测调整,以确保顶进轴线的精度。轨道安装的允许偏差应为:

轴线位置:2mm;

顶面高程:0~+2mm;

两轨内距:±2mm。

导轨平面示意图及侧面示意图分别见图 4.1-15 和图 4.1-16。

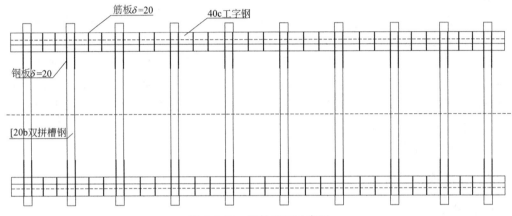

图 4.1-15 导轨平面示意图

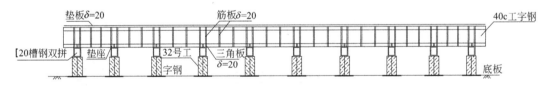

图 4.1-16 导轨侧面示意图

(2)后靠背

顶管后靠背须承受和传递全部顶力,必须具有足够的强度和刚度。为确保后靠背安全,通常在混凝土后靠背前布置一块刚性后靠背。

后靠背的平面必须与顶进轴线相垂直,以防顶管施工过程中管节出现扭转,主要采用刚性后靠背后现浇 C20 混凝土来控制,见图 4.1-17。后靠背精度控制要求如下:

后背垂直度偏差:1‰H(H 为后背的高度,单位 mm);

后背水平度偏差:1‰L(L 为后背的水平长度,单位 mm);

在顶进中随时检查,如有发现严重倾斜,则必须重新布置,以保证安全。

(3)后座主顶设备

后座主顶装置(图 4.1-18)使用德国制造的油泵车,共有 6 只千斤顶,分两列各 3 只布置。主顶千斤顶为双(三)冲程千斤顶,总行程为 3.70m,主顶千斤顶每只最大顶力

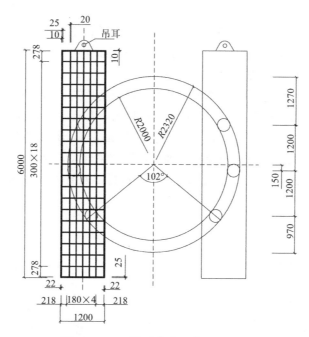

图 4.1-17　刚性后靠背示意图（mm）

图 4.1-18　后座主顶设备

为 3000kN，实际施工时应根据沉井后靠背允许推力控制油压。油缸有其独立的油路控制系统，可根据施工需要通过调整主顶装置的合力中心来进行辅助纠偏。但顶进过程中，要求总最大顶力控制在设计允许范围以内，即单管顶进时不大于 1400t，双管顶进时两顶管合力不得大于 2400t。

千斤顶固定在千斤顶支架上，并与管道中心的垂线对称，其合力的作用点应在管道中心的垂直线上，并略低于顶管中心。

油泵车置放于地面上，分别置放于后靠背模块上。油路安装应顺直，减少转角，接头不漏油，安装完毕必须试车，在顶进中应定时进行检修维护，及时排除故障。

（4）顶铁

顶铁是具有一定形状和一定厚度的钢结构件。它的作用是将主顶油缸较集中的顶推力均匀地分布到所顶管道的管端面上，并起到保护管端面作用。顶铁通常有环形、弧形和马蹄形等类型。在使用中应确保其可靠性与稳定性。

上海市污水治理白龙港片区南线输送干管工程使用顶铁采用钢板及高强度钢管焊接成型，有足够的刚度，顶铁相邻面互相垂直，规格相同，安装后的顶铁轴线应与管道轴线平行、对称。环形顶铁外径与管道直径一致，宽度300mm。U形顶铁宽度800mm、1200mm，每组1套。顶铁外形大小一致，可以相互通用，要求刚度大，受力后不变形。顶铁与管口之间的接触面设置20mm厚松木板衬垫作为缓冲材料。如图4.1-19所示。

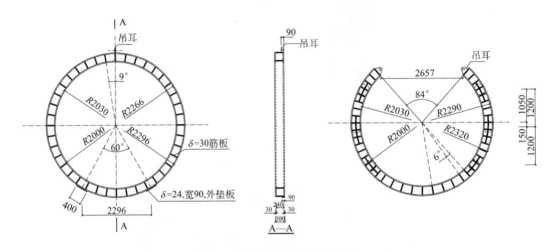

图 4.1-19 环形顶铁及 U 形顶铁示意（mm）

2. 运输系统

（1）垂直运输设备

顶管施工中所配备的垂直运输设备主要有两大类：行车和吊车。

行车有很多不同吨位的规格，选择起吊吨位大小主要取决于所顶管节重量。一般起吊吨位须大于管节重量，最小选择也不能小于5t行车。起重量在10t以下的行车大多采用捯链作起吊设备；起重量在10t以上的大多采用小车作起吊设备。行车沿纵向埋设的轨道行走。当顶管工程管径及单节管重较大时，为减低起吊高度，降低吊索内力和对管节的压力，缩短起吊管节的时间，并便于安装管节，可将吊装索具采用普通横吊梁形式，由22b槽钢双拼、吊耳、加强板等焊接制成。上部两端挂吊索，下部两端挂卡环。

（2）水平运输系统

1）供水系统

①触变泥浆供水

触变泥浆供水使用自来水。

②顶管施工用水

沉井附近就近取河道水作为顶管施工用水水源，采用自吸泵输送至场区内储水箱，由变频泵加压输送至工具管头部位置的铰笼。

③工具管用水

工具管用水主要用于刀盘正面、土舱、螺旋机舱以及工具管油泵车液压油降温使用，水源与顶管施工用水相同，场区内设置水箱，由注浆泵通过管输送至头部供水系统台车水箱。同时该水箱作为液压台车冷却循环用水。水箱配套设置增压泵，用于刀盘正面的补水。

2）排泥系统

①注浆系统的作用是注浆、注水、冷却。

②搅拌系统：用铰笼将螺旋机出土搅拌成泥浆。该设备主要功能为将土压平衡工具管螺旋机的出泥加水搅拌生成易于泵送的泥浆，运输至管外。如图 4.1-20 所示。

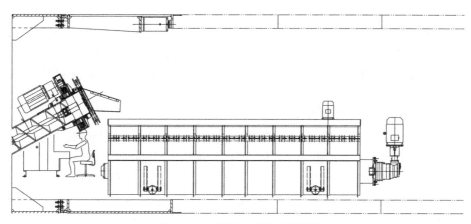

图 4.1-20　泥浆生成铰笼示意图

③输送泥水系统：用多台离心泵接力将泥浆送往泥浆池沉淀，出渣并循环利用浆液、泥水。

3. 泥浆减阻系统

顶管工具管穿越土体后被扰动的松动区域需要触变泥浆来填充弥补，需要在其间保持一个相当于土压力的触变泥浆压力，触变泥浆能够承受全部的土压力，隔离开土层与顶管管壁的直接摩擦。

上海市污水治理白龙港片区南线输送干线完善工程迎宾 1 号井内设置 2 台工具头同时顶进，现场需配置两套注浆设备。为满足工程泥浆减阻的需求，泥浆系统设备配置如下：

①工具管后设置 3 道同步注浆环，其后的跟踪注浆环每隔 3 管节设置一环。注浆环每环设置 6 个注浆孔，呈 60°布置。在工具管后部设置泥浆箱，为能供应同步注浆所需泥浆，泥浆箱容积为 8 倍空隙体积，在 2 倍储备下配置注浆泵 2 台。

②注浆供给管路为 2 路，分别与各注浆环连接；每隔 200m 设置一个泥浆中继站，泥浆站设置泥浆箱 2 只（1.5m³）及 BW160 注浆泵 2 台。

③迎宾 1 号沉井设置 5 台 BW200 或 250 注浆泵（1 台备用），泥浆箱配套使用 BM250 注浆泵负责同步注浆。

地面注浆泵在担负尾端注浆的工作以外，还负责各注浆站泥浆箱的补充。本注浆系统与顶进系统信号联合控制。

4. 中继环系统

(1) 中继环的主要作用

超长距离顶管施工能够完成，依赖于各个系统的高标准运行，而在顶进系统中最重要的组成部分就是中继环接力顶进。中继环的主要作用是增加顶管施工的总顶力，从而使得更长距离的顶管能够得以实现，除此以外还有其他多项功能，主要功能有以下几个方面。

1）增加总顶力

顶进过程中，后座油缸不可能无限制地增加顶力，在侧壁摩阻力一定情况下，长度达到一定距离后后座将无法提供足够的顶力来继续顶进，此时启用中继环可将顶进过程中越来越长的顶管分割为几个部分来单独顶进，解决了顶进问题，增加了总顶力。

2）顶力分布更为平均

使用中继环后，每个中继环仅需顶进整条顶管其中一段距离的管节，即只需克服一小段距离管节的侧壁摩阻力即可完成顶进。尤其是比较靠近沉井的管节受力将大大降低，这对于超长距离顶管来说很重要。因为越靠近沉井，这里土体被扰动的时间越长，在大顶力顶进过程中，若洞口附近土质条件较差，就更容易产生问题。

3）有利于超长距离曲线顶管顶进

城区顶管往往会遇到平面上的曲线顶管，穿越江河通向水域的管道则常为垂直方向的曲线顶管。无论在水平方向，还是在垂直方向，一般均称为曲线顶管。顶力沿直线传递的这种属性，使得曲线顶管在超长距离条件下会给顶管工程增加了许多难度。中继环在曲线段内不仅可以降低局部位置的顶力，也可以略微调整顶力的方向，这对超长距离曲线顶管来说有着积极的意义。

中继间止水橡胶可通过径向调节螺栓自由调节，在圆角方向可以根据需要局部或整体调节，具有良好的止水性，并且可更换密封橡胶圈。每道中继环安装一只行程距离传感器及油压压力传感器并安装限位开关。传感器模拟信号进入 PLC 控制环节。

(2) 中继环形式

中继环分前特管及后特管，在启用前将高强度螺栓呈 90°布置，并连接起来，见图4.1-21 和图 4.1-22。

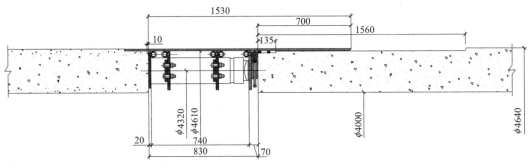

图 4.1-21　中继环组装示意图（mm）

中继间千斤顶采用整体滑动式固定骨架，支架经精加工，整体精度高，避免了千斤顶安装不平行及吊装时出现整体偏移的现象。若管道发生扭转，中继骨架能自动调整，避免千斤顶随管节扭转，造成更大的扭转。

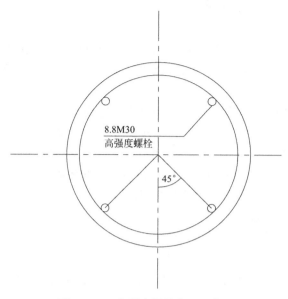

图 4.1-22 高强度螺栓布置示意图

（3）中继环配置

1）掘进机正面阻力 N

$$N=\frac{\pi}{4}D_1^2 \cdot P_t \qquad (4.1\text{-}1)$$

式中　N——机头的迎面阻力（kN）；

　　　D_1——顶管掘进机外径（m）；

　　　P_t——机头底部以上 $1/3D_1$ 处的被动土压力（kN/m²）。

$$P_t=r(H+2/3D)\tan^2(45°+\varphi/2) \qquad (4.1\text{-}2)$$

式中　r——土的天然重度（kN/m³）；

　　　φ——土的内摩擦角（°）；

　　　H——管顶土层厚度（m）；

　　　D——管壁外径（m）。

2）每米管壁摩阻力

$$F=\pi D \cdot f \qquad (4.1\text{-}3)$$

式中　F——管壁每延长米摩阻力（kN）；

　　　D——管壁外径（m）；

　　　f——管壁单位摩阻力。

3）顶管第一道中继环布置

$$L=(P-N)\times t/F \qquad (4.1\text{-}4)$$

式中　P——中继环设计顶力（kN）；

　　　N——机头迎面阻力（kN）；

　　　F——每米管壁摩阻力（kN/m）；

　　　t——留余顶力，0.6～0.7。

4）顶管第三环以后中继环布置

$$L = P \times t / F \qquad (4.1-5)$$

当顶管曲线段分布较多，顶管顶进过程中不可避免将对管外土体带来较大的扰动，对穿越房屋等建筑物有不利影响。而与沉降相关的除了顶进轴线控制及出土控制以外，中继环的布置也有着重要的作用。

在顶管全阶段该曲线段将长期处于高顶进力传递状态，受径向分力的长期作用将会对曲线外部土体产生更大的影响，必须通过减小顶进力以及改善该段力传递的性质来解决该问题，因此，可通过减小中继环间距（增加顶进级数，减小顶力），来增加该曲线段的顶管安全，与此同时又能改善管节间的力传递状态。中继环通过 PLC 自动控制系统联动控制，每个调整环作为临近中继环的接力顶进保障。

中继环布置主要考虑如下原则：

①顶管长时间处于停滞状态具备重启动能力。

②顶管穿越房屋段必须增设调整中继环。

③顶管中继环必须有一定的安全储备，即在前一环无法工作情况下的调整环起到补位要求。

5. 测量系统

（1）测量设备配置

当顶管长度、曲线段首尾角度及首尾偏移量大，顶管首尾不通视，测量难度大大增加。尽管管内径较大，但由于管道内的变压器、中继间油泵车、排泥泵、通风管、进排水管等施工设施占去两侧有效测量空间，测量有效空间缩小；另一方面，由于顶管施工的特殊性，管内不能设置固定点，每次测量均必须从设置于沉井内的基准点开始重新对管内各测站实时测量；日常偏差测量一般每米顶管要观测一次，为快速有效地进行顶管日常偏差测量，可利用全站仪（测量机器人）辅以可靠的通信进行组网，自动进行日常观测。

另外，由于顶管施工的特性，管内各测站将随着管节一起移动，因此，曲线段的测站必须随顶管的顶进及时移动调整。若管内特殊设备阻挡，应增加测站数量。

（2）测量平面控制网

顶管施工时，按沉井穿墙管的实际坐标测量放线，定出管道顶进轴线并将轴线投放到沉井内的测量平台上和井壁上。应在沉井四周适当距离建立测量控制网，并定期进行复核各控制点。在曲线顶管阶段，应对沉井内的后视点进行不少于 3 次的复核，在进洞前 200m 再进行一次复核。

（3）管内测量

采用测量机器人全自动导线测量法，要点如下：

1）在沉井内、管道适当位置设置 LeicaTCA2003 型全站仪，在沉井井壁适当位置及工具头适当位置设置棱镜，组成自动观测导线；制作专用仪器台，采用自动整平机座，同时设置与仪器竖轴同轴的观测棱镜，设站点同时作为相邻测站的目标点；通过有线通信设备，实时传输指令、控制测量机器人开始观测、观测测回、回传观测数据。

2）全站仪观测前自动运行自检程序，检测仪器的平整性，检测仪器本身的竖轴、横轴、视准轴的工作状态，确保观测值有效。

3）每次观测时，沉井内的控制台计算机通过通信电脑发出测量指令，沉井内及管道内的全站仪接收到指令后，先后进行角度、距离观测；测量完成后把测量数据传输回控制台计算机。

4）计算机定制的软件根据采集的数据，自动计算出工具管的偏差。

6. 自动控制系统

顶管工程管内设备众多，若采用人工控制，不但需要大量操作人员，而且受顶管内屏蔽影响，操作人员联系困难，很难实现设备联动。为解决这一难题，专门开发顶管计算机控制系统：该系统不仅可以控制后座主推千斤顶、中继环（调整中继环）、变频泵、注浆泵，排泥泵等管内设备，而且对工具管及管内所有设备传感器数据进行采集、显示、保存，并对设备故障报警，实现了顶管自动化远程控制。

计算机作为人机界面，是显示和操作的平台；主站是主控制器，协调控制各从站工作；从站根据主站的指令，执行每条管道排泥接力泵等工作；CC-Link 专用电缆作为通信介质，连接主站和各从站，中继器用于延长通信距离。

顶管计算机控制系统在施工过程中的应用，不仅提高了设备可靠性，更提高了施工效率，而且为施工提供了现代化的技术手段和科学的管理方法，便于技术人员全面、及时、准确的掌握各项技术数据。

（1）结构设计

顶管距离长，因而控制距离相应较长，控制设备多，数据量大，不适宜采用集中控制方式，应当采用分散控制方式。分散式控制系统最大的优点是所有的数据传输只需通过一根通信线（双绞线）就可完成。另外，根据分散式系统的类型，控制距离可以达到几公里，甚至更长。其缺点是设备多，不易维护。其系统结构模型如图 4.1-23 所示。

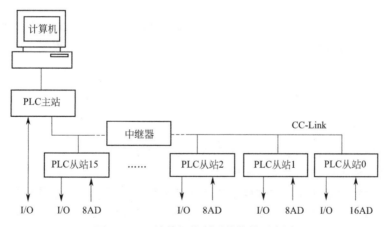

图 4.1-23 计算机控制系统结构示意图

图 4.1-23 中，计算机作为人机界面，是显示和操作的平台。主站是主控制器，协调控制各从站工作。从站根据主站的指令，分别就近控制中继环及调整中继环、管道泵等工作。CC-Link 专用电缆作为通信介质，连接主站和各从站。中继器用于延长通信距离。从站 0 提供 16 路 A/D 输入，可以连接 16 只传感器，其他从站提供 8 路 A/D 输入，可以连接 8 只传感器。后座千斤顶由主站直接控制，主站还提供高压泵和注浆泵的控制信号。

（2）硬件配置

1）PLC 主站

可至少连接 22 个从站，以满足控制 22 个中继环的要求。

提供 3 路开关量输入，分别是后座工作信号，变频泵运行信号。

提供 8 路开关量输出，分别控制后座千斤顶（2 路），变频泵（2 路），地面注浆泵（4 路）。

提供 2 路模拟量输入，分别是后座油泵压力，后座顶进距离。

提供 2 路模拟量输出，分别控制供水变频泵，后座油泵车油泵。

2）PLC 从站 0

具有从站的通信功能。

能够独立运行，控制工具头动作。

能够提供开关量输入/输出各 64 路，根据需要还可以增加点数。

能够提供 16 路模拟量输入，采集工具头传感器数据，并传送到主站。

3）PLC 从站（1-15）

具有从站的通信功能。

能够提供 5 路开关量输出，分别是排泥泵工作信号、注浆工作信号（4 路）。

能够提供 6 路开关量输入，分别控制中继环油泵、排泥泵、注浆（4 路）。

能够提供 8 路模拟量输入，分别是中继环位移、油泵车油压、排泥管路压力、注浆压力（4 路）。

当通信距离达到 1000m 以上时，在就近从站安装一中继器，以提高通信中继能力，使通信距离得到延长。

（3）软件

1）主站程序

主站程序是系统程序的核心。主站程序的基本功能是负责从从站中获取数据并传递给计算机；从计算机接收指令并按照控制要求控制各从站工作。主站程序主要由以下几个模块组成。

①数据处理模块

负责数据的传送、转换、计算。

②中继环手动控制模块

根据控制要求和操作指令控制中继环及调整中继环工作。

③中继环及调整中继环自动控制模块

中继环及调整中继环自动控制模块的功能是根据控制要求自动控制中继环工作。采用 M 顶 N（M，$N>0$；$M>N$）控制模式。这个模式的优点是可以实现任意环组合的控制，避免了倒退现象的发生，实用可靠，能满足对顶管控制的实际要求，提高了自动控制的适用范围和性能。

④故障监测模块

故障监测模块的功能是实时监测主站与从站的通信状态和设备状态，一旦监测到发生了通信故障和设备故障，立刻进行相应的故障处理并设置故障标志，然后将故障信号传送给计算机，由计算机进行报警。

2）从站程序

从站程序的基本功能是采集传感器数据并传送到主站；接收主站的指令并根据指令的类别分别控制中继环、调整中继环、排泥泵、引风扇、注浆孔工作。从站程序主要由以下模块组成。

①数据采集模块

采集传感器数据。

②设备控制模块

根据指令的类别分别控制、调整中继环、排泥泵、注浆孔。

③故障处理模块

实时监测从站通信状态和中继环顶伸距离，一旦监测到发生从站通信故障，就停止所有由该从站控制的设备工作；如果监测到中继环顶伸距离超过了设定值，就停止中继环的工作。

④中继环与调整中继环的联动控制

每道中继环安装一只行程距离传感器及油压压力传感器并安装限位开关。传感器模拟信号进入 PLC 控制环节。

通过中继环与调整中继环的联动控制，以达到：顶管长时间处于停滞状态具备重启动能力；顶管穿越房屋段必须有调整中继环改善管节间的力传递状态；每个顶管中继环都有调整中继环可以补位。

7. 远程监控系统

当项目部办公点距离施工点较远，为了节约成本，提高施工管理效率的同时，加强施工管理深度，可架设远程监控系统，主要对顶管施工的设备、顶管状态以及人员情况进行监控，见图 4.1-24。

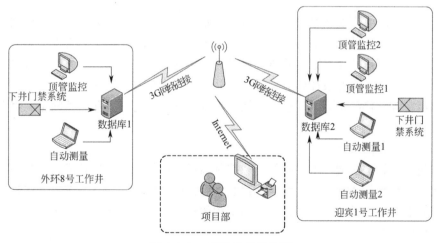

图 4.1-24　远程监控系统图

4.2　顶管施工工艺

4.2.1　概述

顶管施工主要由以下几个工序组成：始发井和接收井的制作；顶进设备的安装及工具管就位；工具管顶出始发工作井洞口；后续钢筋混凝土管顶进；工具管进入接收井洞口，

管道全线贯通。工具管在地下水含量丰富的地区，工具管出洞前应先对周围地层的地下水作降水处理，或对出洞口附近的土体进行加固处理，防止出洞时土体的大量流失。而后在接收井壁面出洞口的预留位置上凿除封门处的混凝土，将工具管机头顶入凿出的洞口，同时机头前端刀盘转动切削井壁上剩余的混凝土及土体，顶进过程开始。工具管全部通过出洞口时，第三阶段即告完成。随后，钢筋混凝土管节陆续放入，同时进行定向测量，根据测量结果随时对顶进机头进行纠偏，控制管道顶进方向。对于长距离顶管，当后部千斤顶顶力不够时，需要使用中继间，并在管壁周围注浆以减小摩阻力。工具管到达接收井前，在有些情况下，对周围土层也要做相应的处理。随后凿去接收井壁面进洞口封门处的混凝土，将工具管顶进接收井。顶进过程结束。工具管全部进接收井后，即吊起，并先封闭进洞口处管道与井壁间的缝隙，再依次拆除中继间，随后封闭出洞口处管道与井壁间的缝隙。

（1）始发井和接收井

始发井是安放所有顶进设备的场所，也是顶管掘进机的始发场所和主要场地。千斤顶后靠背以及进洞封门就在始发井中。

接收井是接收掘进机的场所，也是一段顶进的终端。管子通常是从始发井一只只接连从始发井推到接收井，在接收井中将掘进机吊起后，然后将第一节管子推出一定的长度后，整个顶管过程才告结束。

始发井和接收井的形式多样，一般有钢板桩、沉井、地下连续墙以及 SMW 工法等多种形式。

（2）工具头穿墙技术

在工具头穿墙前先安装好临时止水板。在开闷板前，将止水板及压止水板的法兰盘套在工具头前端，并在其后焊上卡马，待闷板吊出后立即顶进。当工具头外的止上水环与墙孔法兰靠近时，用螺栓连接固定后再割去卡马。当顶至能拼接设备段时即拼接设备段，再继续顶进一段距离，当泥浆环到达临时止水处时须正式止水，即在临时止水外套管内压入黄油、油浸棉等，伴随管道的顶进，用轧兰将其压紧，再与穿墙孔法兰固定，直至正式穿墙止水安装完毕。

（3）掘进设备的选择

掘进机是在管道前端，主要起取土和控制顶进方向的作用，按其形式可分为泥水平衡式掘进机、土压平衡式掘进机、气压式顶管掘进机以及手掘式顶管掘进机等多种形式。各种掘进机各有其特点及适用范围，应根据工程的特点合理选择掘进设备。

（4）注浆减摩工艺

注浆减摩是顶管施工中非常重要的一个环节。合理使用触变泥浆可以保持土体稳定，减少坍方起到减阻和护壁作用。对长距离顶管尤其是关系到顶管成功与否的一项关键技术。触变泥浆的工作原理是：管道外环空间充满触变泥浆形成的泥浆环套，不仅减少了土层对管子的垂直压力，而且因泥浆具有浮力作用，减轻了管道对下部土层的正压力，泥浆处于流动湿润状态，从而保持为湿润摩擦（一种摩擦系数较小的摩阻状态）。

注浆主要有三个作用：一是起润滑作用，将管土之间的干摩擦变为湿摩擦，减小摩擦阻力；二是起支撑作用，在注浆压力下使隧洞变得稳定；三是改良土体，通过泥浆向管道周围土体的渗透来改良不好的土体。

注浆以后，在注浆压力的作用下，先是水向土体颗粒之间的空隙渗透，然后是泥浆向土体颗粒之间的空隙渗透，形成泥浆与土的混合土体；随着浆液渗透的越来越多，在泥浆与混合土体之间形成致密的渗透块，随着土块越来越多，在注浆压力的挤压作用下，许多的渗透块粘结，形成一个相对密实的套状物，称为泥浆套；另外在注浆压力作用下，能够起到支撑隧洞的作用，使其保持稳定，不让土体坍塌到管道。

注浆系统由拌浆、注浆和管道组成。拌浆是把注浆材料与水在浆液池中拌和后形成浆液，通过注浆泵将浆液注入土中，注浆压力和注浆量由注浆泵控制。管道分为总管和支管，总管安装在管道内的一侧，支管则把总管浆液输送到每个注浆孔。在顶管施工过程中，如果注入的润滑浆能在管的外周形成一个比较完整的浆套，则其减摩效果将令人满意。

4.2.2 顶管施工方法分类

(1) 按顶管直径大小划分，可分为大直径顶管施工、中直径顶管施工、小直径顶管施工和微型顶管施工。

①大直径顶管施工：管径在2000mm以上的顶管施工。施工人员可在管中直立和自由行走；个别最大直径可达5000mm，比小型盾构机直径还大。

大直径顶管施工需要大型顶管设备，管道自重大，配套的起运设备也大；面对的地层环境不同，顶进时涉及的土层比较复杂，可能在施工中遇到的干扰也大。

②中直径顶管施工：一般指直径在1200～1800mm的顶管施工。这类直径的管道，施工人员在管内要受到限制，甚至不便直立行走，只能躬腰而行。

这类直径适合于多种用途管道施工。相应顶管设备的研制、设计计算、管材选用及接口处理都是探讨的重点，值得深入去理解和认识。

③小直径顶管施工：一般指直径在500～800mm的顶管施工。这类小直径的管道，施工人员只能在管道中爬行，甚至爬行也困难。这类直径往往作为分支管道，其适用性也比较广。

④微型顶管施工：一般指直径在400mm以下的顶管施工，甚至最小直径也有75mm。这类直径也往往作为分支管道使用。对于煤气管道来说，它也可能是进入千家万户的主管道，不可小看它，其顶进连续的密封性往往更为重要。

对于小直径顶管和微型顶管施工，有的国家又称为微型隧道技术，其配套的技术方法也研究较多，值得我国技术人员学习。

(2) 按施工顶管的埋置深度划分，可分为深埋式顶管施工、中埋式顶管施工、浅埋式顶管施工和超浅埋式顶管施工。

当顶管管道上部的覆土厚度 $H > 8m$，或 $H > 3D$（D 为管道内径）时，为深埋式顶管施工。

当顶管管道上部的覆土厚度 $H > 3m$，$H > 2D$ 且 $H < 8m$ 时，称为中埋式顶管施工。

当顶管管道上部的覆土厚度 $H \leqslant 3m$，$H \leqslant 2D$ 时，称为浅埋式顶管施工。

当顶管管道上部的覆土厚度 $H < 3m$，且 $H \leqslant 1.5D$ 时，称为超浅埋式顶管施工。

(3) 按施工顶管的管节材料划分，可分为钢筋混凝土管顶管施工、钢管顶管施工、球墨铸铁管道顶管施工、玻璃钢管顶管施工、陶土管顶管施工、塑料管（PVC管）顶管施工和石棉水泥管道顶管施工。

（4）按顶管进管轨迹的曲直划分，可分为直线顶管施工和曲线顶管施工。曲线顶管施工要求测量精度高，技术难度大。不仅有平面曲线顶管施工，还有垂直向曲线顶管施工和S形曲线顶管施工。

（5）按顶管施工的始发井和接收井之间的距离长短划分，可分为普通顶管施工和长距离顶管施工。

（6）按顶管的目的及组成形式划分，可分为穿越式顶管施工、网络式顶管施工和叶脉式大型顶管施工。

穿越式顶管施工一般指穿越铁路、公路、河道和路堤等地下顶管施工。网络式顶管施工是同一直径管道组成一个网络，形成一个系统整体，一般是水增容和气增容的管线较多。

叶脉式大型顶管施工指不同直径有机组合形成一个多元系统整体，一般是污水处理收集系统管网和给水排水系统管网。连接技术要求更高，同时往往涉及旧管道的改造更换，施工组织需要更加严密才能确保埋管施工质量。

（7）按顶管前端工具管或掘进机的作业划分，可分为手掘式顶管施工、半机械式顶管施工和机械式顶管施工等。

人在带刃口的工具管（或机头）内挖土的顶管作业方式称为手掘式顶管施工。工具管（或机头）内的土是被顶进时挤进管内再做处理的称为挤压式顶管施工。以上两种顶管方式在工具管（或机头）内都没有掘进机械，顶进作业方式较为简单，顶进速度也较慢。

如果在推进管前的钢制壳体内有掘进岩土的机械，这样的顶管作业方式称为半机械式顶管施工或机械式顶管施工。在该钢制壳体中没有反铲之类的机械手进行挖土的作业方式，称为半机械式顶管施工。为了稳定挖掘面，这类半机械式顶管往往需要采用降水、注浆或采用气压等辅助手段。如果在推进管前的钢制壳体内安装了一台掘进机进行挖土作业，则称为机械式顶管施工。它们的作业方式较复杂，但顶进速度较快。

对于机械式顶管施工，亦可按其掘进机的种类细分为泥水式、泥浆式、土压式和岩石掘进机。其相应的顶管作业方式也被区分为泥水式作业、泥浆式作业、土压式作业和岩石式作业。其中，又以泥水式和土压式作业使用得最为普遍，其掘进机的结构形式也最为多样化。

4.2.3 顶管施工工艺流程

见图 4.2-1。

1. 施工现场平面布置

（1）场区布置

场区布置有供电系统、管节存放、触变泥浆设备、通风设备、起重设备、材料存放等。在场区内，为保证施工车辆进出和施工修建临时道路。始发井现场利用门吊负责管节及其他一些设备的吊运及井内、地面的吊装始发。工具管由汽车吊吊运工具管下井。顶管场区实景图见图 4.2-2。

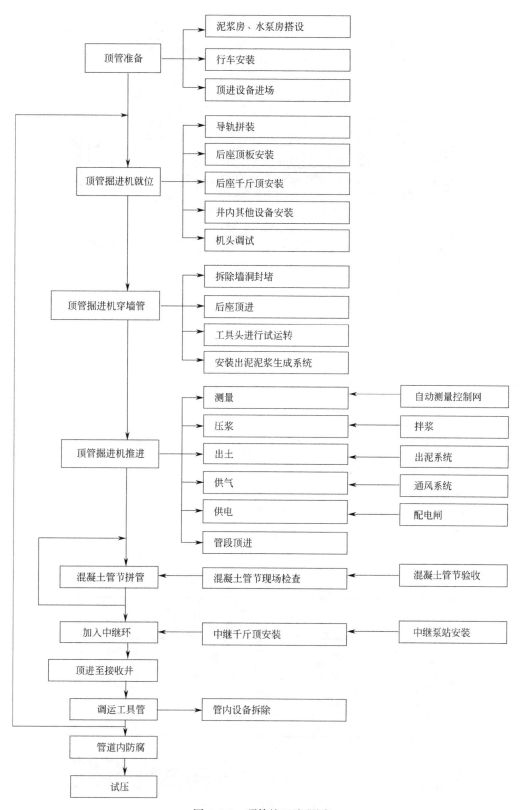

图 4.2-1 顶管施工流程图

图 4.2-2 顶管场区实景图

(2) 始发井内布置

井内布置主要是沿顶管轴线方向安装刚性后座以及布置主顶千斤顶、导轨、刚性顶铁、环形顶铁等顶进设备。始发井内边侧设置梯笼一座。管内供电及井内高压配电开关箱、电力配电箱均位于始发井内。

顶管顶进测量平台安装在主顶千斤顶之间轴线上，与混凝土底板连接，并与千斤顶支架分离，确保顶进时测量机械不受振动影响。

沿始发井壁安装注浆管、供水管、供水和出泥管、供电电缆。井内两侧工作平台布置配电箱、电焊机、后座主顶油泵车和顶铁堆放。

顶管顶进施工井内布置如图 4.2-3 所示。

图 4.2-3 顶管始发井内布置

（3）管道内布置

顶管管道内布置动力电缆、进排泥管路、注浆系统管路、通风管以及网格走道板等。管道内布置见图 4.2-4。

图 4.2-4　管道内布置图

2. 施工参数确定和顶力控制

（1）顶管施工顶力计算

顶力计算是指在施工中推进整个管道系统和相关机械设备向前运动的力，需要克服顶进中的各种阻力和各种外界因素影响。图 4.2-5 为顶力计算示意图，根据轴力平衡，顶进力 P 一般可简单认为由迎面阻力 P_F 与管道摩阻力 F 两部分组成，即：

$$P = P_F + F \tag{4.2-1}$$

参照《顶管工程施工规程》DG/TJ 08-2049-2016 第 7.4.1 条，总顶力可按式（4.2-2）计算。

$$F = F_1 + F_2 \tag{4.2-2}$$

式中　F——总顶力（kN）；

$\quad\quad F_1$——管道与土层的摩阻力（kN）；

$\quad\quad F_2$——顶管机的迎面阻力（kN）。

$$F_1 = \pi D L' f \tag{4.2-3}$$

式中　D——管道外径（m），D 取 4.64m；

$\quad\quad L'$——管道顶进长度（m）；

$\quad\quad f$——管道外壁与土的平均摩阻力（kN/m²），宜取 2～7kN/m²。

$$F_2 = \frac{\pi}{4} L'^2 R_1 \tag{4.2-4}$$

式中 R_1——顶管机下部 1/3 处的被动土压力（kN/m^2）。

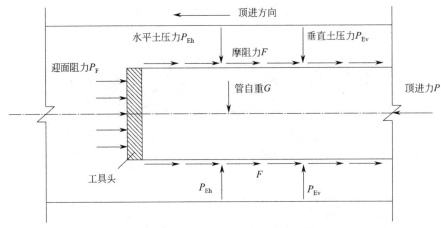

图 4.2-5　顶力计算示意图

（2）$\phi4640$ 土压平衡顶管掘进机土舱压力设定

土舱压力直接关系到外部土体的平衡状态，因此土舱压力的设定极为重要。土舱压力值的设定采取如下步骤来确立：

当直径较大，土舱理论平衡压力值取值点定在顶管机土舱胸板 $r=3.5m$ 的位置，4只土压力传感器呈 45° 布置。则压力值取值范围为静止土压力±20kPa。

对于穿越多条河流，且管顶土层变化较大的工程顶管，须对顶管全线按照 10m 间隔的密度进行计算设定。

土舱理论平衡压力值是以静止土压力计算作为基础，而实际可能有较大的出入，受土层状况等的影响，静止土压力的数值在不同的埋深下存在非线性的关系。因此有必要对理论土压力值进行必要的修正。对土压力值的修正主要取决于后期地面沉降观测数据，若观测数据显示主要以沉降为主，则应适当提高土压力的设定值，若地面隆起过高，则应适当降低土压力的设定值。但是，土压力设定值的调整必须综合考虑其他影响沉降的因素。

（3）泥水平衡顶管掘进机泥水舱压力计算

泥水舱的压力一般计算公式为

$$P_e = P_A + P_w + \Delta P \tag{4.2-5}$$

式中 P_e——泥水舱内的压力（kPa）；

$\quad\quad P_A$——掘进机处土层的主动土压力（kPa）；

$\quad\quad P_w$——掘进机处土层的水压力（kPa）；

$\quad\quad \Delta P$——土舱施加的预加压力（kPa），一般情况下取 20kPa。

$$P_A = \gamma_t H \tan^2\left(45° - \frac{\varphi}{2}\right) - 2c \tan\left(45° - \frac{\varphi}{2}\right) \tag{4.2-6}$$

式中 γ_t——土的密度（kN/m^3）；

$\quad\quad H$——地面至掘进机中心高度（m）；

$\quad\quad \varphi$——土的内摩擦角（°）；

$\quad\quad c$——土的黏聚力（kPu）。

泥水舱的水压力：

$$P_w = q\gamma_w h \tag{4.2-7}$$

P_e 可按式（4.2-8）计算：

$$P_e = K_0\gamma_t H \tag{4.2-8}$$

式中　K_0——静止土压系数（kPa）。

顶进中，务必要控制好前端泥腔中的泥水压力介于主动和被动土压力之间，采用控制排泥量的方法来实现对泥腔中泥水压力的控制，从而达到把对土体扰动的影响减小到最低程度。

顶进施工过程中，可通过调节进泥管流量和排泥管流量，以及顶进速度等来调节泥水舱压力。在顶管机的设计中，设置在泥腔中的土压传感器实时采集泥水舱中的压力数据并传输到监控系统中，通过程序进行计算处理后得出结果控制排泥泵调速机构，从而控制排泥量的大小，达到泥水压力平衡的效果。

4.2.4　长距离顶管施工时的制约因素

长距离顶管一般以 600～800m 为一个顶距，有的甚至超过 1000m，由于一次连续推进距离长，它与普通顶管有许多不同之处，也就有许多因素对长距离顶管有制约作用，而对长距离顶管施工的分析研究，也就是研究这些不同之处和寻求解决各种制约因素的办法。

（1）制约长距离顶管的一个重要因素是顶力。从理论上讲，管节顶进距离增加，只需把主顶油缸的顶力增加一些就可以了，然而在实际施工中却并非这么简单，顶力增加，管节能否承受得住，后座能否承受得住，这都是需要考虑的问题。顶管的顶力是随着顶进长度的增加而不断增加，但是又受到管道强度的限制，不能无限增加，对于普通顶管施工而言只是在管尾施加顶力进行推进，其顶进距离受到限制。因此，在长距离顶管施工中必须解决在管道强度允许范围内如何施加顶力的问题。

（2）如果是长距离曲线顶管就不只是顶力增加这么简单了，虽可采取增设中继间办法来递减顶力，但由于管在顶管过程中并不是全端面均匀受力，存在着轴线偏位，管的端面是部分受力。这样，长距离顶管中始终长时间局部受力，应力集中一侧的混凝土端面发生损坏的几率增大。

（3）长距离顶管受后座所能承受顶力大小的制约，一般情况下顶管始发井的后座所能承受的最大推力以所顶管节所能承受的最大顶力为先决条件，然后反过来验算工作井后座是否能承受最大顶力的反作用力。一旦总顶力确定了，在顶管施工的过程中决不允许有超过总顶力的情况发生。在顶管施工中，为了使油缸的顶力的反力均匀地作用在始发井的后方土体上，需浇筑一堵后座墙，后座墙必须能完全承受油缸总顶力的反力。

（4）长距离顶管始发井洞门口的橡胶止水圈，由于长时间受管道外壁摩擦有可能发生渗水现象。若要更换橡胶止水带，由于存在较大的水头差，地下水会带泥砂涌入井内，处理不好会造成地面沉陷。

（5）长距离顶管还受到排土方式的制约。如果所顶管节长达 1000m 以上时，采用人工出土的速度太慢，制约了顶进速度，显然是不适宜的。如果采用水力输送，需在输送一定长度以后加 1 台中间泵。如果采用土砂泵，则必须保证土砂泵在克服了各种弯头、伸缩接头的阻力以后，还能在该距离内把管道内的土砂排出，或者可以加中间输土泵。如有直径较大的顶管则可采用电瓶车出土，为了加快出土量，可让电瓶车在管内所设的道岔处交换。

（6）长距离顶管还受到直径大小的制约。一般来讲，长距离顶管的直径应该在1.8m以上，因为如果直径小了，作业人员进出管道时不能直立行走而影响顶进速度，而且极易使人疲劳，降低工作效率。

（7）长距离顶管管道橡胶止水带会因长时间受挤压而变形或损坏，使密封性能降低，易发生渗漏。

（8）长距离顶管施工轴线控制困难。顶管施工中管轴线可能为直线，也可能是曲线，无论是直线或曲线，顶进施工中都必须确保管道按设计轴线顶进。如果顶进方向失控，会导致管道弯曲，顶力急剧增加，顶进困难，甚至无法继续施工。因此，必须有一套能准确控制管段顶进方向的导向机构。

（9）长距离顶管还受到测量的制约。普通的激光经纬仪，其光点的直径在10mm以下，如果距离太长，光点的直径将扩大，就会影响测量精度。如果增大激光的功率，又会对人体尤其是对人的眼睛造成伤害。此外，距离太长时管内的雾气等也会影响测量。

（10）长距离顶管还会受到掘进机等各种机具寿命的影响和制约，其中，尤其是会受到各种密封件的寿命、切削刀头的寿命、中继间的寿命等制约。

（11）长距离顶管还会受到通风、供电的制约，顶管直径小而作业人员多的情况下，距离长会造成通风不良，继而产生缺氧。电压的压降大，会造成电气故障。

制约长距离的顶管的因素很多，受多方面的影响和限制，容易出现一些问题，必须引起足够的重视，在施工过程中应尽可能合理安排工作井的间距。如果出现长距离的顶管施工，必须研究采取切实可行的技术措施来保障施工的顺利进行。

4.3 进出洞施工技术

4.3.1 施工技术

1. 概述

顶管进出洞是顶管施工的关键工序，工具管在始发井中安装、调试完毕后，即拆除洞口封门，将工具管逐步推入待开挖土体。如果洞口外土体强度不够且未采取必要的土体加固处理，洞口周围土体就会伴随地下水通过洞口大量涌入沉井，导致水土流失和地表大面积沉陷，危及地下管线和周围的建筑物。相反，如果加固强度太高，又会给刀盘切削和土体开挖带来困难，引起机械故障，使工程进度受到影响。在工具管进出洞时上述两种情况均有可能发生。

大直径混凝土顶管管节和工具管自身重量较大，极易发生上述的第一种情况，因此顶管出洞工作对大直径混凝土顶管施工的成败尤其关键。顶管出洞措施完善，工具管能从始发井安全出洞，就能保证顶管顺利进行，顶管出洞措施采取的好，顶管就能很顺利的完成，反之就有可能造成顶管顶进过程中出现故障，顶管出洞必须采取切实可靠的措施，以保出洞成功。顶管出洞特别是大直径顶管出洞关键应做好以下几个方面的工作：后靠背制作、洞口土体加固、洞口止水及一些防止顶管磕头的措施等。

2. 洞口土体加固

工具管的出洞是顶管施工的关键节点，应确保顶管正常地从非土压平衡工况向土压平衡工况过渡，从而达到控制地面沉降，保证工程质量的目的。

（1）外围围护

外围深层搅拌桩加固应搅拌均匀，搭接良好，考虑围护的隔水帷幕作用，加固范围为沉井井壁外4m封闭布置，加固深度为地面至沉井刃脚以下5m。使用三轴水泥搅拌桩施工，水泥掺量20%，内插H形钢。

（2）洞口土体加固

在沉井洞口外采用水泥深层桩对土体进行改良，提高土体自立性以及承载力。在工具管重心顶出外围围护前须保证顶管机处于一个稳定、均匀且有足够强度的水泥土范围内，使得顶管能够平顺的顶出，并为顶管前期的走向提供一个良好的开局。因此，洞口范围外围的围护至井壁间的空间采用深层搅拌桩对土体进行改良。

3. 洞口止水

洞口止水装置（图4.3-1）的设计对顶管能否顺利地进出洞，保证顶进过程中洞口密封的可靠性是至关重要的，这通常是顶管施工的薄弱环节。

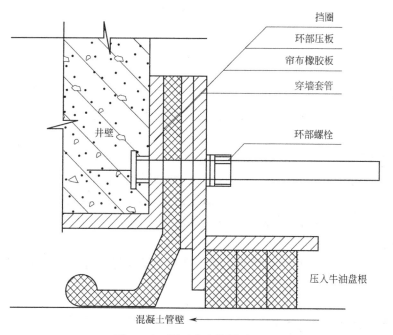

图4.3-1　洞口止水装置（mm）

洞口止水装置不仅要严密，而且还要具有一定的耐磨性，并具有能够在特殊情况下进行更换止水配件的能力。一般帘布橡胶板的损坏多是由于外部砂砾进入了帘布橡胶板的弯曲弧内，引起橡胶板的磨损加快，并使其与管节间的摩阻力激升而造成损坏。

因此，出洞口穿墙止水装置可采用两套止水装置加一套保护装置：止水装置为帘布橡胶板＋牛油盘根，图4.3-1为示意图。保护装置为在井壁内设置$\delta=3mm$隔离钢板，阻止外部土体及锐利颗粒进入橡胶板的弯弧段，同时通过井壁内预埋的注浆孔对空隙内填充粉煤灰，并加入少量的水泥；橡胶板与隔离钢板间压入油脂密封。

4. 出洞防 "磕头" 措施

由于施工初期无法形成封闭环境，即工具管基本不受浮力作用，出洞时如操作不当，极易造成磕头现象。可采取如下施工技术措施：

（1）导轨铺设时在穿墙洞口内通过预埋件安装导轨延伸段，防止工具头进入洞口后由于力矩的不平衡头部向下。

（2）工具头就位后，纠偏油缸等记录归零位。

（3）工具管出洞时，在工具管重心未离开轨道前，将后部跟进管节及中继环使用高强度螺栓连接起来。

（4）由于沉井下沉时周围土体被破坏或在出洞时洞外泥水流失过多，所以在洞中外侧进行了加固措施，进一步防止磕头现象的产生。

（5）调整后座主推千斤顶的合力中心。

由于洞口进行了土体改良，其承载力能够承受工具管的自重。但由于工具管的长度较长，在工具管重心顶出加固区域后，其后跟进的两节混凝土管节应能够传递合力中心位于在管中心轴线上的推力。因此后座主顶千斤顶的合力中心应略向下，以平衡这两节混凝土管自重形成的力矩。

4.3.2 进洞施工

1. 地基加固

在两座顶管接收井洞口外采用水泥深层桩对土体进行改良，提高土体自立性以及承载力。

2. 土压控制

在工具管距离沉井井壁 15m 左右时，对顶管轴线进行复测，主要保证工具管顺直进入接收井。适当降低工具管正面土压力，减小顶管对沉井及穿墙管的影响。顶管进入加固土体后，逐步减小正面土压，将加固土体全部切削。

3. 管节连接

将顶管前 20m 范围内混凝土管节，采用高强度螺栓将所有管节连接成整体，避免管节拉开张缝。

4.4 顶力控制施工技术

4.4.1 后靠背制作施工技术

1. 概述

后靠背制作是保证顶管正常顶进很关键的一项技术措施。对矩形沉井中直角出洞口的顶管，直接将沉井井壁当后靠背可不必再做后靠背，只靠井壁位置放置后靠顶铁即可；对圆形沉井向一个方向顶进和两个方向顶进在一条轴线上，其后靠背设置都比较容易；对圆形沉井向两个方向顶进，且顶进的两个方向不在一条轴线上，要保证后靠背工作面与顶进轴线为直角，其后靠背的设置有一定的难度，对于井内后靠背的布置要求较高。

不在一条轴线上的沉井两端在两个顶进方向上都预留了洞门，且要保证两个顶进方向的轴线与其后靠背平面相垂直。井内钢筋混凝土整体现浇顶管后靠背，必须在沉井完成施工后才能开始制作，会出现导致整体施工工期延长，且只能一次使用无法重复利用造价高、顶管顶进施工完成后拆除不易等问题。钢结构顶管后靠背组装烦琐，有大量的焊接作业，且钢结构后靠背稳定性没有混凝土后靠背强，对于小直径短距离顶管还比较适用，但对于大直径顶管当后靠背顶力过大，很容易被顶翻，同时也会造成顶进设备损坏，甚至造成更为严重的后果。

2. 后靠背结构设计

洞口以及后靠背的可靠性及稳定性不但直接影响到出洞施工是否顺利，还影响到整个顶管施工的质量和安全。当沉井两方向不在一条轴线上，顶管存在夹角，这对于超大直径、超长距离顶管来说较为困难，一方面，上一阶段顶管的出洞口会在下一阶段成为后靠背，在非直线对称的情况下保持后靠背的强度及稳定性较为困难；另一方面，需要针对性地解决管节与井壁非垂直正交带来的止水难题。

针对以上问题，后靠背须以考虑整体稳定性为原则，为满足大直径顶管顺利出洞及后续顺利的顶进施工，在强度及刚度满足顶管施工要求的前提下，便于安装，拆卸，并结合经济合理的要求，可采用便于拆卸、可重复使用的预制混凝土装配式顶管后座，如图 4.4-1 所示。

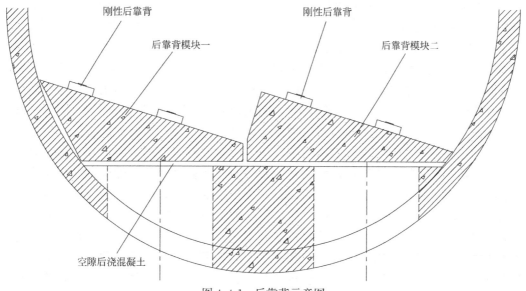

图 4.4-1 后靠背示意图

后靠背通过预制模块一及模块二，留有一定的间隙分层叠放并通过模块上的预埋件焊接在一起。安装并经测量调整到位后，在模块与井壁间注入 C30 混凝土，使得模块组成的后靠背与井壁连成一体。

4.4.2 注浆减阻施工技术

1. 泥浆在顶管施工中的重要性和作用机理

（1）泥浆在顶管施工中的重要性

在顶管施工中，为减小顶进时管外壁所受的摩擦阻力，需进行注浆减摩。注浆减摩作为一门新技术，在顶管工程中应用越来越普及。对于长距离顶管，管节外壁摩阻力远大于正面阻力，若在顶进中向管节外注入一定量的触变泥浆，变固体间的滑动摩擦为固液间的滑动摩擦，将极大地减小阻力。所以顶进施工中，触变泥浆的应用是减小顶进阻力的重要措施，减阻泥浆的好坏将是工程能否顺利进行的关键。顶进施工中在管节外壁注入触变泥浆，形成泥浆套，减小管壁与土体间的摩阻力。触变泥浆在输送和灌注过程中具有流动性，呈胶状液体，起到润滑减阻作用；经过一定静置时间，泥浆固结呈胶凝状，对土体有支护作用；管节顶进时泥浆被扰动，又呈胶状液体，该过程周而复始贯穿于整个顶进过程。

在长距离顶管中，当管节局部受力超过混凝土管所能承受的极限时，混凝土管发生碎裂的几率大大增加。如果是这样，工程就有报废的可能。当然出现这种情况的原因可能是多种多样的，但是起润滑减摩的泥浆套无法形成或无法完全形成则可能是主要的原因之一。此外若顶管不进行有效的减阻，势必造成后续管节不断带土，造成更大的扰动，引起更大的后续沉降。因此，长距离顶管过程中必须十分小心地选择注浆材料和完善注浆工艺，注浆减摩的好坏是长距离顶管成功与否的一个极其重要的关键性环节。

（2）泥浆在顶管施工中的作用机理

泥浆在顶管等基础工程施工中的作用机理为：起润滑作用，将顶进管道与土体之间的干摩擦变为湿摩擦，减小顶进时的摩擦阻力；起填补和支撑作用，浆液填补施工时管道与土体之间产生的空隙，同时在注浆压力下，减小土体变形，使隧洞变得稳定。

①泥浆与管道以及土体之间的相互作用

为减小摩擦阻力，在顶管工程中一般后续管节的直径比掘进机的直径要小 2～5cm，使管道与周围土体之间会产生空隙；纠偏时对土体一侧产生挤压作用，而另一侧由于应力释放也将形成空隙。因此，在顶管顶进的曲线轨迹中存在许多这种空隙。注浆时，从注浆孔注入的泥浆会先填补管节与周围土体之间的空隙，抑制地层损失的发展。泥浆与土体接触后，在注浆压力的作用下，注入的浆液将向地层中渗透和扩散，先是水分向土体颗粒之间的孔隙渗透，然后是泥浆向土体颗粒之间的孔隙渗透，当泥浆达到可能的渗入深度之后静止下来，只需经过一个很短的时间，泥浆就会变成凝胶体，充满土体的孔隙，形成泥浆与土壤的混合体。随着浆液渗透越来越多，会在泥浆与混合土体之间形成致密的渗透块。随着渗透块越来越多，在注浆压力的挤压作用下，许多的渗透块之间粘结、巩固，形成一个相对密实、不透水的套状物，称为泥浆套，它能够阻止泥浆继续渗入土层。由于掘进机的开挖会对管道周围土体产生扰动，使部分土体结构遭到破坏而变成松散土体。在注浆压力作用下，泥浆套能够把超过地下水压力的液体压力传递到土体颗粒之间，成为有效应力压实土体。同时，泥浆的液压能够起到支撑隧洞的作用，使其保持稳定，不让土体坍塌到管道上。如果注入的润滑泥浆能在管道的外周形成一个比较完整的泥浆套，则接下来注入的泥浆不能向外渗透，留在管道与泥浆套的空隙之间，在自重作用下，泥浆会先流到管道底部，随后向上涨起。当隧洞充满泥浆时，顶进管道在整个圆周上被膨润土悬浮液所包围，受到浮力作用，管道将至少变成部分飘浮，它们的有效重量将变小，甚至可能变成负的。管道在泥浆的包围之中顶进，其减摩效果将是十分令人满意的。实际施工中，由于受环向空腔不连续、不均匀、泥浆流失、地下水影响以及压注浆工艺等因素影响，可能会对减摩效果产生影响。但大幅度地降低摩擦阻力是不容置疑的，一般注浆后管道顶进时产生的摩阻力可以降低 $3\sim5$ kPa。

②浆液在土体中的渗透

膨润土泥浆渗入土层的孔隙内充满孔隙，并继续在其中流动，其流速取决于孔隙的横断面与泥浆的流变特性。土体孔隙将对泥浆的流动产生阻力，在克服流动阻力的过程中，注浆压力（泥浆压力与地下水压力之差）将随着渗入深度的增加而成比例地衰减。所以，相应每一种注浆压力都有一个完全确定的渗入深度，即渗流距离。泥浆的渗流距离就相当于泥浆套的厚度。为了能够形成低渗透性的膜，就必须使泥浆不太容易渗透到土体中去。试验表明，泥浆浓度越高，在土体中的渗透距离越短。在高浓度泥浆和高注浆压力下容易形成泥浆套。一旦泥浆套形成，泥浆套厚度增加就会变慢，它的过程就像一张处于压力作用下的滤纸。为了减小渗透，改善泥浆套的形成，可以添加聚合物。聚合物通常是由大量的小化学单体连接在一起而形成大的长链分子。应用在隧道工程中的人工聚合物主要有聚丙烯酰胺、聚丙烯酸酯乳液、部分水解的聚丙烯酰胺、羧甲基纤维素、多阴离子纤维素等。它们的长链分子就像增强纤维一样，形成一张网留住膨润土颗粒，堵塞土体孔隙。当它们与先前开挖土体留在泥浆中的淤泥和细砂结合起来时，能够更好地堵塞大的土体颗粒之间的孔隙。

③注浆对土层移动的影响

由于管径差以及纠偏操作会使管道与土体之间产生空隙，周围土体要填补这些空隙，进而产生地面沉降。另外，每当后续管节随掘进机一起向前顶进时，会对周围土体产生剪切摩擦力，产生拖带效应，使得土体产生沿管道顶进方向移动。而当更换管节停止顶进时，土体会产生部分弹性回缩，向顶进的反方向移动。合理的注浆可以减小土层运动，从注浆孔注入的泥浆首先会填补管节与周围土体之间的空隙，进而形成泥浆套，能够起到支撑隧洞的作用，使开挖的隧洞保持稳定，不让土体坍塌到管道上，从而可以减小地面沉降。由于土体与管道之间被泥浆隔离，使得管道顶进对土体产生的剪切摩擦力大大减小，可以减小深层土体水平移动。

2. 减阻泥浆配合比和制浆工艺研究

（1）减阻泥浆配合比

在顶管工程开始顶进之前，先进行了泥浆配合比试验。泥浆配合比试验主要是采用膨润土、纯碱和羧甲基纤维素加水以不同的配合比配制泥浆，进行各种指标的测定，通过试验来寻找性能指标良好的泥浆材料配合比，充分掌握泥浆材料性能，研究分析不同配合比泥浆的性能指标等。在配制泥浆的这些材料中，其中，纯碱的作用为利用其钠离子的同相置换作用增大膨润土颗粒的遇水膨胀性能，增加其吸附能力及膨胀性；羧甲基纤维素主要作为增黏剂，增强泥浆的支撑性能。

泥浆的性能是泥浆的组成以及其各组分间相互物理化学作用的宏观反映，它是反映泥浆质量的具体参数。泥浆性能及其变化直接影响着减阻润滑等问题。泥浆的主要性能有泥浆的相对密度、泥浆的流变特性、泥浆的滤失性能以及泥浆的含砂量、润滑性、胶体率和 pH 值等。

泥浆配合比试验需根据不同地区的地质特点，确定相应的泥浆性能，同时结合工程实际在一系列的配合比试验中选取最佳泥浆配合比。

（2）制浆工艺

泥浆中膨润土的膨胀性能是否充分发挥主要取决于搅拌时间。搅拌越充分则可大幅缩短泥浆静置等待膨胀的时间。特别是在温度较低的情况下搅拌更应该加长时间。若泥浆未拌制充分就应用于工程上，由于膨润土未膨胀充分，一方面无法起到支撑作用，而不能形成泥浆套会使得摩阻力增大，另一方面，未充分膨胀的泥浆失水率较高，会造成泥浆的浪费。故配合比试验确定了性能指标适合背景工程使用的泥浆配合比还不行，制备泥浆过程也是非常重要的，在现场实际使用时，制备出的泥浆性能指标能否达到配合比试验时的性能指标也是一个重要的问题。此外，当施工进度极快，泥浆需求量大时，也对泥浆的制备效率提出了更高的要求。

为满足大型顶管工程施工对减阻泥浆的要求，可采用剪切泵来拌制泥浆，制浆设备示意如图 4.4-2 所示，泥浆拌制设备由剪切泵、加料漏斗、输浆管、储浆箱和阀门按图示形成一单向循环系统，在储浆箱和剪切泵之间的输浆管上设置阀门，通过泥浆不断的在这个系统中的循环运动来实现泥浆的拌制。剪切泵是一种能够快速配置和处理泥浆的固控设备，能满足配置高性能泥浆的要求。剪切泵设计有特殊的叶轮结构，结构较为复杂，具有很高的剪切效率，在液流通过时可产生强大的剪切力，对液流中的颗粒进行强力的粉碎分散，可使液流中的固相破碎并均匀分布。剪切泵可大幅提高膨润土颗粒的水化程度，增加膨润土颗粒与水接触的表面积，增大颗粒表面离子交换的频率，加快膨润土膨胀速度，并节省泥浆材料的使用，缩短泥浆拌制时间。

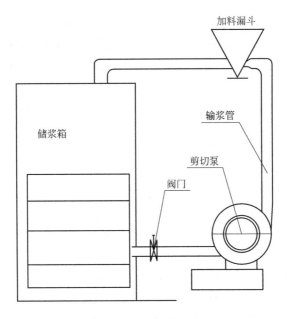

图 4.4-2　制浆设备示意图

当采用剪切泵制备泥浆时，先向储浆箱中灌注 18m³ 左右的水，打开输浆管上的阀门，开启剪切泵，按既定的材料配合比分别把钠基膨润土、纯碱和 CMC 投入加料漏斗，循环运行 30min 后关闭剪切泵，关闭阀门，此时储浆箱中有 20m³ 左右减阻泥浆可供工程实际施工使用。按此种制备泥浆的工艺 30min 可制备出 20m³ 泥浆，比传统桶式制备泥浆工艺拌浆速度提升了 3～4 倍。

在制备泥浆时还应注意：新配置的泥浆或多或少会含有颗粒状物，可在泥浆箱上部覆盖细密的钢丝网，用来过滤泥浆中的颗粒物，防止颗粒物进入泥浆输送管，致使泥浆输送管堵塞；当泥浆静置后，会出现沉淀现象，导致浆液浓度不均，因此在注浆使用前，需开启制浆设备对浆液进行循环 3min 左右，以保证泥浆浓度的均匀。

3. 注浆工艺研究

在长距离顶管工程中，除需选择合适的泥浆材料和配合比以外，注浆工艺也是决定顶管成败的关键性因素之一。在顶管掘进过程中，应以合理配合比的注浆工艺、适当的注浆压力和必要的注浆量，在顶管管段周围的环形空隙中进行同步注浆和补浆，既减小摩擦阻力，又起到填补支撑的作用。顶管注浆工艺流程一般为：施工准备→拌浆送浆→同步注浆→跟踪补浆。顶管顶进结束后，对已形成的泥浆套的浆液进行置换。

（1）注浆目标设定

顶管总顶力＝工具头正面水土压力＋管壁摩阻力＋曲线段（过渡纠偏段）顶力损失。可以看出顶管施工是否具有足够效率与顶管总顶力有直接关系，顶管后座能够满足顶力需求即不需开启中继环。头部迎面阻力的大小是受控和稳定的，按照经验公式计算 $\phi4650mm$ 刀盘迎面阻力约为 5734kN；另一方面，曲线段造成的顶力损失目前还没有可以依据的理论，同样长度条件下有些曲线顶管甚至比直线顶管的顶力还要小；因此，唯一相对可控的是管壁摩阻力，这也是顶力的主要组成部分。

（2）注浆速度

注浆速度即在单位时间里注浆量能够满足工程预设的最大顶进速度条件下，浆液需求量。若无法跟上，则会造成泥浆套厚度过薄甚至不完整，造成顶力大幅增加。

（3）注浆压力及注浆量

工具管刀盘直径大于混凝土管 1cm，穿越土体后产生的空隙需要减阻泥浆来填充弥补，如果在这一环套和顶进管之间保持一个相当于土压力的减阻泥浆压力，减阻泥浆便承受着全部的土压力，致使土压力不再直接地，而是经减阻泥浆间接地加荷于管壁。

1）注浆压力设定

注浆压力首先应满足基本的水土压力要求，即 $P_{压}=1.1\gamma h\,\text{MPa}$。

安全阀的压力设定不仅要满足注浆孔注浆压力的要求，还要满足长距离输送的水头损失考虑沿程水头损失等情况，同时需满足注浆管路安全运行压力，过高的压力将会造成浆液栓塞甚至冒浆，这对泥浆套的形成及保持极为不利。

2）注浆量确定

顶管工程注浆由两个部分组成，一个工具头后部的同步注浆，另一个是管道内的跟踪补浆。采用重叠注浆机理来控制注浆量，即每个注浆环压出去的浆都和下个注浆环的注浆范围重叠，注浆量控制在 6 倍建筑空隙以内，加上重叠范围，总体上注浆量为 8 倍建筑空隙。

①工具管同步注浆

上海市污水治理白龙港片区南线输送干线完善工程工具管采用了 3 段变径设计，即前端直径 4650mm，中段直径 4645mm，后段直径 4640mm。由于管节外径为 4640mm，同步注浆必须同时满足该建筑空隙 Δv_1 以及由于纠偏造成的超挖量 Δv_2 和体积增量 Δv_3，$\Delta v_1 = \pi \times 4.65 \times 0.005 = 0.073 \text{m}^3$。

考虑到该部分建筑空隙为永久空隙，必须在工具管通过后迅速填充，将 Δv_1 乘以一个 6 倍的系数，则 $\Delta v_1 = 0.438 \text{m}^3$。

工具管第一、二节总长 5.4m，在曲线段，管节将在 $R802.325 \sim R797.675\text{m}$ 形成的巷道之间，该巷道比直线段体积多出的部分为超挖量 Δv_2：

$$\Delta v_2 = 4.64 \times 0.00456 = 0.022 \text{m}^3$$

由于曲线段顶管实际纠偏角度要大于理论角度，超挖量是高于计算值的，为了确保该部分的建筑空隙填充，将 Δv_2 乘以一个 3 倍系数，则 $\Delta v_2 = 0.066 \text{m}^3$。也可以看出直径越大，曲线顶管或纠偏过程中产生的超挖量越大。

体积增量即为由于管节拉开张角而增加出来的体积，这种体积增量 Δv_3 主要体现在工具管增加的纠偏角度以及管节由直线段进入曲线段产生张角的这个点。上海市污水治理白龙港片区南线输送干线完善工程曲线段正常曲率半径为 $R800\text{m}$，对应管节张角为 $0.19°$，最大张缝为 16.2mm。

$\Delta v_3 = \pi \times 4.64 \times 0.0162 \div 2 = 0.118 \text{m}^3$，即一道张缝的体积增量。

综上所述，同步注浆量在一个循环，即顶进 5m 的时间内，必须供给的泥浆量为：

$$v_{同步} = \Delta v_1 \times 5\text{m} + \Delta v_2 + \Delta v_3 \times 2 = 0.438 \times 5\text{m} + 0.066 + 0.118 \times 2 = 2.492 \text{m}^3$$

这里的两道张缝增量可以理解为两次角度为 $0.19°$（单侧推出 16.2mm）的纠偏。

②直线段跟踪补浆

对跟踪补浆分别采用泥浆失水率及泥浆渗透损失（土层渗透系数）两种方法来进行比较分析。

依据《给水排水工程顶管技术规程》CECS 246—2008 对触变泥浆技术参数的规定，泥浆的失水量 $<25\text{mL}/30\text{min}$，即 240mL 的泥浆在 0.69MPa 的压力下，30min 内损失的水体积，则泥浆的失水比率为 $25/240 = 0.1042$（30min）。由于实际注浆压力仅为 $0.27 \sim 0.4\text{MPa}$，将取临界失水比率取值为 0.05（30min）。

假定泥浆套厚度为 2cm，土层具有足够渗透系数，一个顶进循环平均顶进速度为 5cm/min，一个循环用了 2h，安装管路停滞 1h，则跟踪补浆须保证在 2h 内补充 3h 的泥浆失水量。在上述假定条件下每米顶管须补充浆液量为：

$$\Delta v_{补} = \pi \times 4.64 \times 0.02 \times 0.05 \times 3 \div 0.5 = 0.087 \text{m}^3$$

采用《铁路工程水文地质勘察规范》TB 10049—2014 对渗水量的计算公式，

$$\Delta v_{渗} = 2\pi km(H-r)/\ln(2h/r-1)$$

式中　k——渗透系数；

　　　m——转换系数；

　　　H——含水层厚度；

　　　r——隧道半径；

　　　h——洞顶含水层的顶面至洞底的距离。

　　　$k = 2.0 \times 10^{-7} \text{cm/s}, m = 0.86, H = 10.5\text{m}, r = 2.32\text{m}, h = 4.64\text{m}$

得 $\Delta v_{渗} = 0.24L/h$

即 1m 泥浆套范围内，每小时渗水量为 0.24L。

可以看出泥浆失水率远大于土层渗透量，数据过于悬殊。实际上，压出管壁的泥浆无法在淤泥质土层中达到那么高的失水率。

综合考虑，将直线顶进注浆区间内跟踪补浆量暂设定为 $0.015m^3$，相当于形成 1mm 泥浆膜的浆液体积，即跟踪补浆段 $\Delta v_{补}$ 每米补充 $0.015m^3$；

即，假设注浆区间长度 300m，且注浆区间位于直线段，则 300m 范围内需要跟踪补浆量为 $300m \times 0.015m^3/m = 4.5m^3$。

③曲线段跟踪补浆

曲线段的补浆有别于直线段的补浆，曲线段的管节张角在曲线段里受巷道的趋势平滑度、巷道的曲率半径等影响下持续变化，每 0.19° 的张角将会产生 $0.118m^3$ 的体积变化。泥浆环在这种抽吸或挤压状态下容易被坍塌破坏。

另一方面，曲线段内的管节顶进时必然会在曲线外侧产生一个径向分力，这会使得管节持续消耗泥浆套的厚度。

为解决这个问题，必须保证在曲线段能够有更高的注浆补充量。

由于无法量化该部分的具体数值，这里暂按照 1.2 倍于直线段的补浆量，则：

$$\Delta v_{曲补} = 1.2 \times \Delta v_{补} = 0.018m^3$$

即曲线段每米顶管须补充 $0.018m^3$ 浆液；

即，假设注浆区间长度 300m，且注浆区间位于曲线段，则 300m 范围内需要跟踪补浆量为 $300m \times 0.018m^3/m = 5.4m^3$。

④其他特殊点的补浆

直线顶管进入曲线段交界面：顶管由直线段进入曲线段需要经过一个张角的过程，而这个张角变化必然会带来对泥浆套的抽吸作用，因此，必须在直线进入曲线段范围内持续补浆，每一节管节需要定点多补充 Δv_3，即 $0.118m^3$。

实际上，在顶进过程中，需要持续对管节的张缝进行观察，若发现曲线段内的管节张口值总和（所有张缝相加）开始扩大，则注浆量需要同步相应加大。

洞口处补浆：洞口补浆同样为顶管注浆的重要环节，一方面，在开顶前须对洞口处进行注浆，在顶进过程中逐步向前开启注浆环。另一方面，管节与管节密封之间存在的空隙必须通过洞口处的补浆来进行补充。洞口处由泥浆建立起来的压力能够有效保证泥浆套的完整，防止泥浆由洞口处泄漏。

为确保能形成完整有效的泥浆环套，管道内的补注浆的次数及注浆量根据管壁为泥浆反压、外壁摩阻力变化情况结合地面监测数据及时调整补浆量。

（4）注浆设备确定与布置

1）注浆泵选型

上海市污水治理白龙港片区南线输送干线完善工程投入使用 3 种类型的泥浆泵来服务于注浆作业，见表 4.4-1。

以上泥浆泵分单作用及双作用两种形式，单作用式泥浆泵在活塞往复运动的一个循环中仅完成一次吸排水动作。而双作用式泥浆泵每往复一次完成两次吸排水动作。

注浆泵参数表　　　　　　　　　　　　表 4.4-1

项目	BW-250A								BW-200		BW-160
缸径(mm)	80				65				80	65	95
流量(L/min)	250	145	90	52	166	96	60	35	200	125	160
泵速(r/min)	200	116	72	42	200	116	72	42	145	145	165
压力(MPa)	2.5	4	6	6	4	6	7	7	4	6	1.3
送泥水流速(m/s)	2.12	1.23			1.41				1.70		1.36
摩擦系数	0.026	0.028			0.028				0.027		0.028
h_{fl}	0.454	0.166			0.211				0.298		0.148
压力损失(MPa)	2.2	3.2			3.7				3.7		1
输送距离(m)	411.58	1639.98			1490.87				1056.17		575.12

由于管内注浆需用较小，总体上考虑以 BW-160 为主，地面泵站兼顾注浆及长距离泥浆分站泥浆补充，考虑以 BW-250 为主。BW-250 型泥浆泵作为地面送浆泵，该泵为卧式三缸往复单作用活塞泵，有两种缸径和四挡变速。

注浆泵的布置主要考虑如下因素：

①实现分段多点注浆，各个泥浆站有专用管线补充浆液。

②每个泥浆站单独负责一定距离内的所有泥浆环，该泵站能够在该距离上满足相应注浆量需求。即泥浆站能够在一个顶进循环（2 节×2.5m）的顶进时间内（暂定 2h），满足该距离内的泥浆需用量。

③便于施工管理，具备一定的可调整能力，管路布置合理、可靠。

2）注浆试验

在注浆设备布置前，应通过试验得出支路的实际流量和得出支路的实际压力延程损耗等等，以便设备布设更有针对性。

3）注浆设备布置

为满足泥浆减阻的需求，在注浆试验的基础上，泥浆系统设备具体配置如下：

①工具管尾部环向设 1 道同步注浆环，工具管后 3 管节段每节设置 1 道同步注浆环，减阻泥浆由此在工具管向前顶进的过程中及时的在工具管后管外壁形成泥浆套。其后的跟踪注浆环每隔 3 管节（3 节×2.5m）设置一环，在顶进时起分段、同时补浆的作用，每道补浆环有独立的阀门控制，并能承受外水压，浆液压力维持至它被水泥浆替换。

②对于直径超大的顶管工程，为了提高注浆效率，同时便于注浆控制，注浆时采用两路注浆管分别与各注浆环连接。每注浆管连接单侧（左侧或者右侧）的 3 个注浆孔，注浆孔呈环形布置，每环 6 个注浆孔，每个注浆孔之间呈 60°布置，见图 4.4-3。

③在工具管后部设置泥浆箱。泥浆箱容积为 3m³（8 倍空隙体积条件下，2 倍储备），配置 BW-160 型注浆泵 2 台。其后每隔 200m 设置一个泥浆中继站，泥浆中继站设置泥浆箱 2 只（1.5m³）及 BW-160 注浆泵 2 台，见图 4.4-4 和图 4.4-5。沉井地面设置 3 台 BW-250 注浆泵（1 台备用），泥浆箱配套使用 BW-250 注浆泵负责同步注浆，地面注浆泵在担负尾端注浆的工作以外，还负责各注浆站泥浆箱的补充。

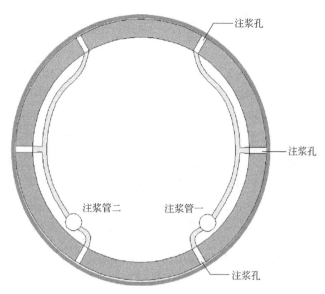

图 4.4-3　注浆孔设置示意图

图 4.4-4　注浆管路布置实景图

在顶管顶进时应贯彻同步注浆与补浆相结合的原则,工具管尾部的注浆孔要及时有效地进行同步注浆,确保及时填充工具管变径产生的间隙。为防止中继间伸缩过程中破坏泥浆套,在每个中继间位置后续管节布置一道注浆孔,中继间启用过程中同样须做到先压后顶、随顶随压。

为了保证管壁外泥浆套的效果,采用自动注浆控制系统来全面管理注浆工序,来有效地控制注浆量及注浆压力,减小因注浆对土体的扰动。同时,结合地面监测数据,在"F"管雄头位置预埋压力表,对泥浆压力进行测量,若压力过高,说明注浆量充足,同时也说明注浆对周边土体扰动较大,应适当降低注浆压力;若泥浆压力较低,则说明泥浆注浆量不足,应及时进行补浆,并适当提高注浆压力;若泥浆压力消失,则说明泥浆固结

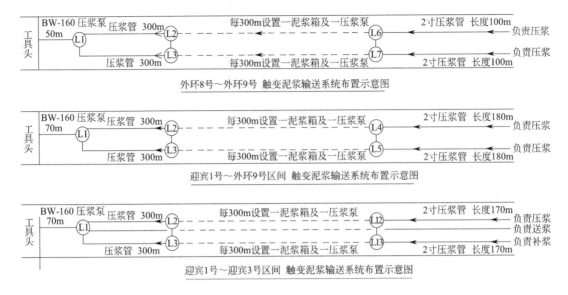

图 4.4-5　泥浆系统布置示意图（图中 L 代表 BW-160 注浆泵及泥浆箱）

失效或浆量严重缺失，必须进行大量注浆，见图 4.4-6。

图 4.4-6　注浆监测

（5）自动注浆系统与工艺

注浆系统在顶管施工中的作用越来越大，随着顶管应用范围的增加，注浆系统被赋予的使命要求也在逐渐提高。但随着人工成本的增加，注浆系统运行成本逐渐加大。尤其是超大直径、超长距离曲线顶管穿越复杂土层时，更高的注浆要求与落后的注浆控制工艺存在较大的矛盾。为了解决这个矛盾，本小节以工程实践为例，研究分析了自动注浆系统及其注浆工艺等。

①自动注浆系统

自动注浆系统由 3 部分组成：PLC 控制系统、传感器以及各类阀体。对于长距离顶管工程,控制距离相应较长,而且注浆阀分布在顶管全线,控制设备多、数据量大,不适宜采用集中控制方式,应当采用分散控制方式。

传感器包括压力变送器以及各类流量仪,主要用来检测注浆管的分布压力以及注浆管注浆过程中的流速,并对注浆量进行统计。各类阀体包括比例阀、电动阀、电磁阀、安全阀以及其他球阀、闸阀等组成了自动注浆系统,该系统结构如图4.4-7所示。

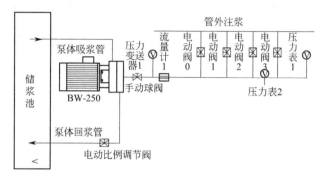

图 4.4-7 自动注浆系统

②自动注浆工艺

结合上述,根据注浆设定,自动注浆针对性地进行布置(图4.4-8)。

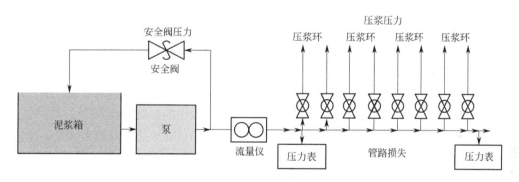

图 4.4-8 自动注浆工艺

该自动注浆系统通过程序设定,自动调整注浆系统的同步注浆以及跟踪补浆。通过对电磁阀的控制来实现注浆位置的控制,通过对电磁阀开闭时间的设定调整注浆时间;通过对电动比例阀的控制来调节注浆管内的泥浆流速和压力;通过对电磁阀的启用设定,调节注浆区域以及回避区域;通过采集注浆管上各类传感器的数据,按照预定的注浆策略自动调整上述注浆系统的注浆时间、压力以及回避区域。

这样,自动注浆系统实现了对顶管沿线任意位置注浆压力以及实际出流量的控制。

(6)注浆过程控制

顶管工具管同步注浆需用量是相对比较准确的,而后续的跟踪补浆环节有较大的浮动空间。实际上,后续跟踪补浆是否到位一个重要指标就是平均摩阻力水平,若已经达到目标值则无需继续增大注浆量;若在持续增大注浆量的条件下平均摩阻力变化不大则排除注浆量不够的因素,需要去找注浆压力、注浆方式是否得当,并进行相应的调整。

因此,注浆控制设备需要能够满足上述检查的需求。

1）安全阀

安全阀安装在注浆泵的回路上（图 4.4-9），当泥浆泵压力较高时，需要在保证管路安全的同时，调整注浆压力，安全阀能够满足这个要求。

由图 4.4-9 可知安全阀的设定压力直接决定了注浆环的注浆压力，同时又和注浆泵控制的注浆距离有关，为了准确测定单位长度管路输送的管路压力损失，需在管路上布置多道压力表，通过压力差值来判断 $\sum h_f$ 的数值，从而准确设定安全阀的设定压力值。

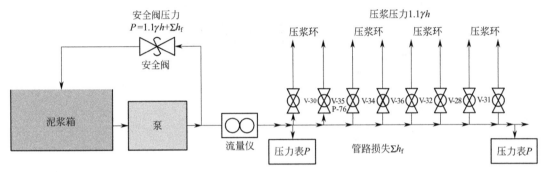

图 4.4-9 安全阀安装示意

上海市污水治理白龙港片区南线输送干线完善工程注浆压力值设定为 0.29MPa，则安全阀设定压力为 $P = 0.29 + \sum h_f$。管内注浆泵为 BW-160，水头损失系数为 $h_{f1} = 0.148 \mathrm{mH_2O/m}$。因此安全阀的设定也与注浆距离有关，注浆还必须符合在一个顶进循环的时间过程中压出足够数量的泥浆，因此，安全阀的设定也与流量有关。

2）流量仪

为辅助确定安全阀设定压力及确保顶管同步注浆、跟踪补浆泥浆量的要求，须在每个注浆泵后设置流量仪，负责统计每个顶管循环时间段内压出的泥浆量。

针对使用泥浆泵特点为压力高，流量相对较低的问题，必须通过回流来减压，即使用安全阀来控制回流。

即：注浆泵实际压出的泥浆量＝泵送泥浆量－回流量。

泵送泥浆量是恒定的，为了减小回流量，增大实际压出泥浆量则需要增加同时开启的压浆环数，这个过程需要通过流量仪的变化以及压力表的数值来决定同时开启的注浆环数量。

3）注浆过程控制

注浆的最终目的是降低顶管的摩阻力，因此必须形成完整的泥浆套，从而使得沉降控制得最小。在注浆的过程中还必须注意以下几点：

①确保穿墙管止水的有效性。穿墙管止水的失效将直接破坏泥浆套的水力平衡，从而严重破坏泥浆套的完整。因此，对于中继环也有同样的要求。在顶进过程中，若必须停止注浆泵则必须停止顶进，同样，若注浆泵故障，顶进系统必须响应中止顶进。

②跟踪注浆应先压后顶，并从后向前压（相对于开顶面来讲）。若顶管先行开动，在抽吸的作用下将大范围地破坏泥浆套的完整；若开动中继环，则必须在中继环后的第一个注浆环先行注浆再开动，然后依次向前注浆。

③跟踪注浆在遵循第 2 点要求的基础上，补浆应按顺序依次进行，在定量的前提下，

每 5m 顶进不少于 2 次循环。

④在顶管曲线段，对曲线外弧线侧提供相对多的注浆频率及注浆量，以便形成完整的泥浆套；在顶管曲线段，可适当调节浆液膨润土配合比，适当调节黏度，增加泥浆在曲线段的支撑作用。

4.4.3 中继环联动施工技术

1. 中继环联动施工

（1）传统的中继环控制

传统的中继环控制方法为前一环顶进完成后，操作人员电话通知后一环接力顶进，如此反复，"蠕动"式的向前进（图 4.4-10），但这对于超长距离顶管来说，存在着巨大的弊端：顶进效率低。

顶管中继环的控制效率问题和很多方面有关系，比如通信，环与环之间沟通不畅会导致中继环启动时间滞后，从而影响了顶进效率；比如回弹，若顶管回弹量过大（尤其是混凝土顶管），又会使得单次顶进距离缩短。

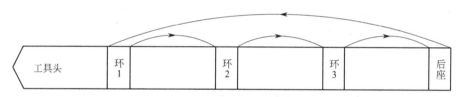

图 4.4-10 传统中继环启动流程

（2）中继环联动施工技术

①建立联动系统

中继环联动系统是对同时启用 3 个及以上中继环来说的，它可大大提高中继环的使用效率。见图 4.4-11。

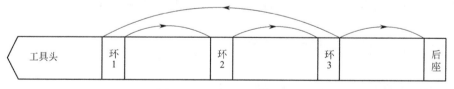

图 4.4-11 中继环联动控制

图 4.4-11 中中继环 3 顶进完成后，中继环 1 直接启动同时，后座也同步顶进，形成了环 1 和后座的联动。可以看出虽然启动了 3 个中继环，加上后座总共有 4 个顶进区间，但实际上消耗顶进时长的只有 3 个区间。相当于效率提高了 25%，而且随着启用中继环数量的增加，效率的提高会更为明显。

当然，在选择启用中继环方面也有更为灵活的选择，比如环 1 与环 2 的间距距离较长，或者摩阻力足够大，在环 1 顶进过程中不至于会让环 2 闭合，那么就可以使得环 1 和环 3 形成联动，环 2 和后座形成联动（视具体情况设置），这种情况下效率会提高 50%。

②建立 PLC 系统控制平台

中继环启用的设置依赖于现场的实际情况，在联动系统中，对已经启用的中继环参数设置更为复杂，涉及中继环允许进尺长度以及允许顶力。随着近些年设备控制工艺的提高，尤其是 PLC 工控系统在顶管设备控制方面的应用为中继环联动创造了一个极佳的平台。

中继环联动系统由两部分组成：PLC 控制系统以及传感器。上海市污水治理白龙港片区南线东段工程中一段混凝土顶管长度达 2080m，且为曲线顶管，在全线设置了 16 只中继环。所有中继环都纳入到了 PLC 控制系统管理之下。

传感器包括中继环油泵车的压力变送器以及位移传感器，主要用来检测中继环的工作油压，并对压力进行统计；位移传感器安装于中继环的左右以及上部，对中继环的行程进行测量，在曲线段还测出中继环的张缝值。

③过程参数调节

中继环联动系统的本质就是"多点同时顶进"，即在顶进过程中，能够实现多个中继环同时工作，从而大幅提高顶管的施工效率。

中继环的顶进参数调整将影响到多个方面，包括油压、位移、顶进时间以及形成联动的具体中继环。

2. 中继环操作与维修

（1）中间环启用过程应有专人巡视有可能发生的问题。

（2）油泵车发生故障及时修理和调换液压零件。

（3）环内出现漏水、漏浆，可在两条止水条中间加压油脂或调整止水条。

（4）如环内止水条损坏，就把环拉开到好调换止水条时，然后把调整止水条压紧，再进行调换已损止水条，以确保顶管顺利结束。

（5）注意上下左右行程差变化，当对称两侧行程差大于 1cm 时，必须通过中继环合力作用点来调整行程差，防止管道产生横向偏移及扭转。中继间在直线段时，采用 4 只 M30 高强拉杆螺丝将中继间锁定，防止上下左右行程差变化。

（6）由于中继环油箱容量有限，而且不设油温冷却装置，正常情况使用，油温应在 60℃以下。如果连续使用数小时，油温过高，在顶进中可采取交替使用方式。

4.5 开挖面平衡控制施工技术

4.5.1 土压平衡顶管开挖面平衡控制

土压平衡式顶管从地层的应力关系看，相当于卸载，要使开挖面稳定必须施加相当于卸载的土压与水压。所以土压的平衡必须满足以下两个方面条件：在顶进过程中，顶管机土舱段与其所处土层的土压力和地下水压力处于平衡状态；排土量与顶管机切屑刀盘切削下来的土的体积处于一种平衡状态。

1. 开挖面平衡管理

开挖面的稳定存在如下 3 种情况：

（1）若顶进速度不变，则迎面土压力与螺旋机转速成反比。

（2）若螺旋机转速不变，则迎面土压力与顶进速度成正比，顶进速度越快，土压力则越高。

（3）顶进速度与螺旋机转速同时调节，当需要快速顶进时，在保持开挖面稳定的前提下需要同步提高转速，当螺旋机转速达到极限时，顶进速度不宜过多增加。相反若顶进速度达极限时，螺旋机转速不宜过高。

2. 开挖面平衡模型

开挖面的平衡主要是为了保护地面的建（构）筑物及管线，使其影响在允许的范围内，主要通过土舱压力以及地面沉降监测两个方面来进行控制，从而达到平衡的目的，由于地下土质情况的复杂性，结合工程覆土变化较大的特点，应同步结合监测指标来进行开挖面的平衡控制。同时，还须做到如下几点：

（1）针对土压力理论值变化的情况，如穿越河道、覆土变薄等，必须降低土舱压力，通过降低顶进速度或者提高螺旋机出土数量来降低土舱内压力，此期间必然存在超推进或欠推进的短暂影响，因此压力调整应在穿越河道前适当的距离就完成。这也说明在需要调节土舱压力的地段，缓慢、均衡的调节出土量对减少土体变形是非常有利的，必须降速穿越。

因此，在顶管施工期间，应对照土舱压力表（预设土压区间），结合地面沉降监测数据及时调整来实现开挖面的平衡。

（2）对于工具管的顶进，直接使用后座主顶油缸与使用中继环，螺旋机转速是不一样的，顶进速度加快，则螺旋机转速也要相应加快，顶进速度减慢，则螺旋机转速也要减慢。

结合上述控制原则，建立土压平衡模型，见图 4.5-1。

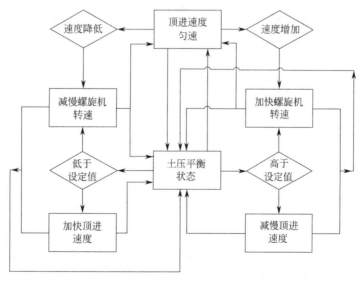

图 4.5-1　土压平衡模型

另外，对于顶管工程顶管沿线有多处砂质粉土位于顶管上层，且与管外壁间距较小，该层摇振反应强、结构松散，易产生流砂，因此，工具管刀盘及土仓内应具有调节泥土品质的能力，必要时可压入泥浆来改善刀盘前泥土支护能力，防止流砂坍孔现象的产生，造成地面大幅沉降。

4.5.2 泥水平衡顶管开挖面平衡控制

顶进中务必要将前端泥腔中的泥水压力控制在介于主动和被动土压力之间，采用控制排泥量的方法来实现对泥腔中泥水压力的控制，从而达到把对土体扰动的影响减小到最低程度。

在顶进施工过程中，可通过调节进泥管流量和排泥管流量，以及顶进速度等来调节泥水舱压力。在顶管机的设计中，设置在泥腔中的土压力传感器实时采集泥水舱中的压力数据并传输到监控系统中，通过程序进行计算处理后得出结果控制排泥泵调速机构，从而控制排泥量的大小，达到泥水压力平衡的效果。

4.6 顶进过程姿态控制施工技术

4.6.1 顶管顶进姿态的影响因素分析

对于顶管法施工来说，顶管机掘进的位置、方向决定着成形管道轴线的轨迹。要使建成后的管道沿设计路线延伸，就必须保证顶管掘进过程中位置、角度等的准确性。在长距离曲线顶管中，加之不同地质条件的复杂多样性等，顶管顶进姿态控制技术显得尤为重要，将是顶管能否按照设计轴线顶进，能否安全准确进洞的关键。

1. 地质条件

顶管机在软土层中推进时，周围地质情况极易对顶管的姿态产生重要影响。

(1) 当土层很软弱或很松散时，工具管自重和上覆土荷载，将使顶管由于受压而下弯，顶进路线将发生向下的偏差；松软土层往往不能承受偏心顶力引起的径向推力，也极易造成水平或竖直向的偏差。

(2) 当土层软硬不均或有较大空腔时，工具管前端将遇到不均匀的阻力，而且顶管周围土压力也不平衡，会使顶管周围受力不均，造成顶管向土层软的方向旋转移动，如施工不慎极易造成轴线偏差。

2. 机械设备

顶管掘进机及其配套设备等在加工、安装过程中形成的误差也会对顶管顶进时的姿态产生影响。

(1) 各顶进千斤顶之间存在着顶进时间差，千斤顶、油路等布置不合理，会使顶进合力线发生偏移，进而造成工具管旋转。顶管后座不稳或主顶油缸与顶管轴线不平行，会使主顶油缸在工作时方向发生变化，对顶管管道形成一个扭矩，使管道扭转。

(2) 配套设备安装的精度误差。导轨等设备安装误差是顶管出洞阶段发生轴线偏差的主要因素，尤其容易导致顶管磕头、抬头等高程偏差现象。后靠背及千斤顶的安装误差则将导致顶推力发生偏心，也会引起顶管轴线偏差。

3. 施工操作

切削土体操作不当及轴线测量误差等施工操作同样会对顶管姿态造成影响。

(1) 开挖面切削土体操作不当，将可能会造成开挖面土压不平衡，甚至出现坍方或冒顶等，产生较大的偏心荷载，从而造成轴线偏差。

（2）轴线测量误差会影响到顶管纠偏操作的准确程度，轴线测量误差严重时甚至会使得顶管机头不能顺利进洞。

（3）顶管顶进过程中轴线发生偏差或人为造成曲线段轴线偏差时，若纠偏方法不恰当或纠偏量过大等，都可能会使顶管发生旋转。

4.6.2 初始顶进阶段纠偏控制施工技术

1. 纠偏有效时纠偏控制

由于初始顶进阶段顶管位于始发井附近，因受沉井下沉二次扰动土体及穿越围护桩的影响，往往轴线会有较大幅度的偏差，若纠偏过急就会在洞口外形成一个设计轴线外的"曲线段"。而随着顶进距离的增加，该"曲线段"的侧向分力将会愈发增强，进而威胁管节的安全。由于设计曲线段可通过调整中继环启用位置来解决侧向分力对管节的影响，而出洞口处产生"曲线"则无法解决。因此，相对于设计曲线段，出洞口处产生的曲线危险度更高。因此必须做好如下工作：

（1）若顶进轴线偏离设计轴线，在偏差不扩大或扩大很慢的情况下可不做纠偏动作。

（2）若偏差扩大，但速度较慢，可以做曲率半径不小于1000m的纠偏动作，即纠偏油缸行程差（有效）不超过10mm。

（3）若偏差扩大，且速度较快，则纠偏动作产生的曲率半径不得小于900m，即纠偏油缸行程差（有效）不得超过13mm。

2. 纠偏不良时纠偏控制

纠偏效果不良时不宜将纠偏量调节的过高，应立即采用后座偏心顶进的方式来解决偏转问题，具体做法为阻断一只或两只相反于顶管偏转方向的主顶千斤顶，形成偏心顶进的形式。

初始掘进时，顶力不宜过大，防止刀盘扭矩大引起工具管扭转。同时土压力控制在下限值为宜。若管节伴有一些旋转，则对旋转方向的主顶千斤顶适当调整顶进方向，使之与管轴线有一定的夹角，依靠该夹角产生的扭矩来纠正扭转。

4.6.3 曲线顶管轴线控制施工技术

传统曲线顶管施工是利用顶管机在顶进过程中向某一个方向造成人为的轴线偏差，并使这个偏差符合设计曲线要求，这样，每一节管道的轴线都偏差一点，所顶管道连续起来，就成一条折线。但当顶管工程在软弱土层中进行施工时，如果土体无法提供足够的反力，则顶管机无法按设计的曲线顶进，将导致曲率变小。

局部预调式曲线顶管法，即在顶管曲线的起段时，根据曲线方向来设置张角，形成一定的曲线顶进轨迹，使后续管节较容易通过。在工具管后20m范围内，在每一个管接口中都安装间隙调整器，进入曲线段后，人为地调整管的张角，使之符合设计曲线要求，防止工具管失稳。每个接口设置4组8只，每只50t千斤顶调整器。

顶管要按设计要求的轴线、坡度进行，主要依靠工具头头部测量与纠偏的相互配合，在实际推进过程中，顶管实际轴线和设计轴线总是存在一定的偏差，为减小顶管实际轴线和设计轴线间的偏差，使之尽可能趋于一致，主要依靠工具管纠偏完成。

工具管内部采取吊盘球观测工具管姿态，控制工具管扭转及坡度。顶管纠偏遵循"勤测勤纠、预测缓纠、预纠强纠"的原则：

（1）勤测勤纠：在正常推进的情况下，顶管实际轴线偏差较小，顶管每推进一个冲程，即每顶进 90cm 左右，测量一次工具头轴线及标高偏差情况，并结合工具管的前进趋势情况，及时进行有效的纠偏，使工具管不致出现较大偏差。

（2）预测缓纠：如果顶管实际轴线偏差较大，根据工具管前进偏离趋势的加大、平稳、减小等工况，调整工具管纠偏角度，及时进行有效的纠偏。但每次纠偏角度要小，不能大起大落，要保持管道轴线以适当的曲率半径逐步、缓和地返回到轴线上来，避免相邻两段间形成的夹角过大。

（3）预纠强纠：如果顶管实际轴线偏差很大，且工具管前进偏离趋势加大，在常规纠偏方法失效时，采取预纠强纠措施：即利用间隙调整器，人为地调整管的张角，垫置钢板或木板，使工具管后部管道整体保持反向趋势，进行强制纠偏；当顶管轴线偏差减小时，应根据工具管的趋势，及时调整管节张角，避免纠偏过头。

4.6.4 曲线顶管失稳控制施工技术

曲线顶管是利用顶管机在顶进过程中向某一个方向人为的造成轴线偏差，并使这个偏差符合设计的要求，随着顶进长度的增加，就形成了曲线。而曲线顶管失稳是造成一系列工程问题的根源，顶管失稳，将带来严重的后果，因此必须采取切实可行的防失稳施工控制技术，来确保顶管能够顺利地穿越。

1. 超大直径工具管曲线顶进失稳控制

顶管在曲线顶进阶段或土质变化较大的地段，必须通过工具管持续的对顶管走向进行修正，但由于工具管直径超大，受制于管节密封及张口的限制，很难做出更大角度的纠偏。当顶管工程穿越土质压缩性较高，若外部土体在径向分力的影响下持续产生微量的压缩位移，将会不断削弱工具管的纠偏能力，造成工具管越来越偏离设计轴线，产生失稳。这对超长距离曲线顶管来说，其影响是致命的，而且这种挤土效应将造成地面的隆起及沉降，威胁管线以及地面构（建）筑物的安全。

针对该问题，为帮助工具管走出设计曲线，设置工具管后续跟进的 8 节管节为预纠偏段，安装纠偏辅助装置，其主要功能有两个：①扩散纠偏产生的径向分力，减少纠偏动作对土体产生的压强及应力集中现象；②在不影响管节止水性能的情况下扩大了纠偏的有效角度，使得工具管能够处于受控状态。

2. 超长距离曲线顶管中继环失稳控制

中继环的启用率较高的顶管工程中，中继环在曲线顶管中更易发生失稳现象。中继环的失稳在顶管工程中主要体现在两方面：一是在中继环顶推力的影响下，使得中继环的张口在曲线段逐渐扩大，特别是由于中继环的钢套管很长，在曲线段会产生较大的带土效应，进而形成沉降；二是顶进曲线段过程中，中继环容易产生扭转。中继环的失稳会造成地面产生沉降、中继环有效顶推力的下降甚至中继环的损坏，而且会使得曲线段（或较大幅度纠偏段）向外扩，从而使得后续管节在一个曲率半径更小的巷道中顶进，顶管施工难度大幅增加，甚至造成混凝土管节的破坏。

针对该问题，主要通过如下施工技术措施来解决：①未启用中继环须使用高强度螺栓拉结固定；②优化中继环启用的设置，尽量避免中继环在曲线段内启用；③增加中继环布置的数量，通过增加顶进级数来减小中继环顶推力，从而达到减小对土体扰动的目的；④中继环设计考虑抗扭转措施。

3. 超长距离曲线顶管管节失稳控制

管节承担着顶管顶进过程中顶推力的传递，管节的失稳表现为管节张角超过了设计曲线的管节张口值，并在此曲线段位置上的管节张角有扩大发展的趋势，随着张角的扩大，会产生两种失稳现象：①管节持续推动曲线段土抗力最低的区域，造成管节张角的持续扩大；②管节受力应力集中现象愈发明显，甚至有破坏管节侧壁混凝土的恶性事故。

管节的失稳问题，是中继环失稳的特殊情况，要解决该问题，主要从改变顶力传递上来解决管节张角的问题。同解决工具管失稳的措施类似，可以通过预纠偏段来改善管节间力传递的合力中心位置，而中继环可以被作为是特殊的预纠偏段，即通过调整中继环的合力中心，使得管节间的顶力作用点向张角扩大的方向移动，从而改善管节的力传递方向，恢复曲线段的管节张角至正常水平。这样，通过管节曲线段预纠、外部注浆、管节张缝监测、顶力控制等手段联合进行控制。

4.7　长距离顶管远程自动控制施工技术

长距离顶管工程管内设备众多，且管线长度很长，若采用人工控制，不但需要大量操作人员，而且受管内屏蔽影响，操作人员联系困难，很难实现设备联动。通过自主研发的顶管施工计算机远程控制系统可以很好地解决这一难题，该系统不仅可以控制后座主推千斤顶、中继间、变频泵、压浆泵，排泥泵、工具管等管内设备运转，而且对工具管及管内所有设备传感器数据进行采集、显示、保存，并对设备故障报警，实现对顶管施工的智能控制和管理，确保顶管全线所有设备得以有效控制，最终提高施工效率，保证施工质量。

传统顶管机都是通过继电器控制，表盘读数，多芯电缆连接，其可靠性差、维护困难，而且功能简单，不能实现复杂的控制，已满足不了当下施工的需要。随着自动化技术的发展，逐步采用 PLC 技术。遵循"集中监测，分散控制"的原则，将集中控制和分散控制相结合，数据计算与逻辑控制时用集中控制方式，输入输出则分散处理，这样既保证了数据处理的完整性、统一性，实现了设备的联动控制，又避免了控制中心过于庞大、连接电缆过多的弊端，从而提高了系统的可靠性和稳定性。

新型顶管智能控制系统集机头电控系统、顶进系统、压浆系统、进排泥系统、远程监控系统、故障诊断系统和报表系统 7 大子系统于一身，高度智能化、集中化管理，具有实时性快、可靠性高、稳定性好、扩展性强等优点。

为了保证整个系统的稳定性和可靠性，设计中采用 PLC 对顶管作业流程进行控制，CC-Link 现场总线作为控制系统主干的方案对顶管的各个环节进行集中监控。CC-Link 是 Control & Communication Link（控制与通信链路系统）的缩写，是一种可以同时高速处理控制和信息数据的现场网络系统，具有性能卓越、使用简单、应用广泛、节省成本等优点，不仅解决了工业现场配线复杂的问题，同时具有优异的抗噪性能和兼容性。CC-Link 为采用双绞线连接的主从结构，最多可以支持 64 个从站，采用广播轮询方式，最高可达到 10Mbps 速度，通过中继器，网络通信距离最长可达 13.2km。综合这些优秀性能，最终选择 CC-Link 作为顶管智能控制系统的网络架构。

其中，计算机作为上位机，是显示和操作的平台，通过组态软件以直观的画面显现给用户。主站是主控制器，是整个系统的核心，协调控制各从站工作，同时监控地面配套设备，主站和计算机构成了上位机系统。多个从站根据主站的指令，分别控制就近中继环、管道泵、压浆补浆等配套设备工作。人机界面 HMI 通过 RS-232C 连接工具头 PLC 从站 1，组成下位机系统，可进行单独监控操作工具头。

下面对 7 大子系统再分别做详细介绍。

4.7.1 顶管机电控系统

该顶管机电控系统由刀盘、螺旋机、顶进、纠偏、辅助和故障诊断等模块组成，最为关键的就是土压平衡的自动控制，需要控制好土舱压力与螺旋机转速、顶进速度三者之间的联动。顶管前端刀盘旋转掘削地层土体，切削下来的土体进入土舱，当土体充满土舱时，其被动土压与掘削面上的土、水压基本相同，故掘削面实现土压平衡（即稳定），由螺旋输送机的转速或闸门开度来控制出土量，以确保掘削面稳定。当出现压力过大或过小等失稳现象时就会引起地表隆起或沉降，影响工程质量，重则造成设备人身安全事故。

因此要严格控制土舱压力在某一区间范围内，这里设计有 2 个联锁，若超出范围则发出声光报警并做出相应处理，在顶进速度不变的情况下，减慢或加速螺旋机，甚至强行停止顶进或螺旋机工作。

螺旋机的控制方式分为手动和自动两种模式，自动模式时设定好土压上下限，系统根据土舱压力的变化自动调节螺旋机转速来实现平衡，从而减轻劳动力工作强度，提高施工效率；减少对土体的扰动，提高施工质量，见图 4.7-1。

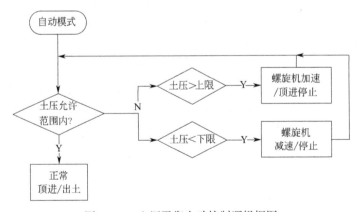

图 4.7-1　土压平衡自动控制逻辑框图

4.7.2 顶进系统

根据控制要求和操作指令手动或自动控制中继环/后座顶进。可任意指定一个或多个中继环，优点是可以实现任意环组合与后座主顶的有序联动控制，避免了倒退现象的发生，更加实用可靠，更能满足对顶管控制的实际需求，提高了自动控制的适用范围和性能。并且无需再为每个中继环配备专人操作，无人值守，减少劳动力，降低成本。

每个中继环和后座油泵车都安装有一个位移传感器和油压传感器，

用于监视其工作状态，当压力或位移超过设定限位时，系统自动停止顶进并发出报警，同时还装有一限位开关，防止因为系统出错或其他情况下不能正常停止油泵车顶进时的机械联锁，起到双重保障。

4.7.3 压浆系统

压浆系统由送浆、同步注浆和跟踪补浆三部分组成。为了满足保证顶管的压浆需要并记录压浆压力和统计压浆方量，可分别在各总管出口处装有流量计和压力传感器，用以泵的控制与数据的采集都由 PLC 完成。

顶管前 100m 左右设置一压浆站，在储浆箱中装有上下液位开关，反馈至 PLC，再由系统自动启动地面上压浆泵和阀门往箱内进行送浆，保证箱内浆量始终满足压浆需要。

压浆站前方为同步注浆段，平时处于常开状态，压浆时必须坚持"先压后顶、随压随顶、及时补浆"的原则。压浆系统压浆管路布置如图 4.7-2 所示，注浆系统管内局部布置见图 4.7-3。

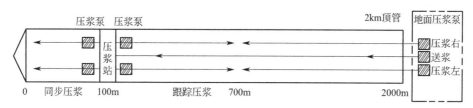

图 4.7-2　压浆系统压浆管路布置图

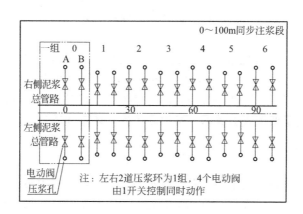

图 4.7-3　注浆系统管内局部布置图

跟踪补浆由后往前，按组进行压浆，其控制逻辑如图 4.7-4 所示，该系统关键控制参数有 2 个：压浆时间和起始环（组），另外还能对某些组设定成跳过状态。

例：同步压浆段组别由 0~6，设定压浆时间 3min，起始组为 5，组 4 跳过。则压浆顺序为 5→3→2→1→0，每组压浆 3min，直到组 0 压满 3min 后结束，共 5 组花费 15min

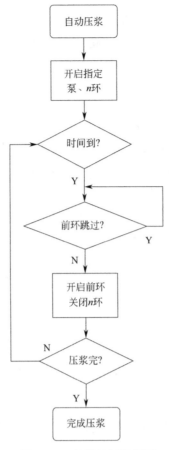

图 4.7-4　补浆控制逻辑图

完成压浆；若期间组 2 因故中断，则系统会自动设定起始组为 2，下次再由组 2 开始继续往前压浆。

　　该系统采用 PLC 全程控制，由一名控制人员在上位机上进行操作。人工压浆时每 400m 配备一名压浆工人，2km 至少需要 5 名工人，压浆速度比较慢，压浆质量也不十分理想；自动压浆则可以省去这部分劳动力，精确控制压浆时间和压浆量，且只需 1 名质量员进行巡视，大大地降低了人力成本，又提高了施工效率和质量，经济效益十分可观。

4.7.4　进排泥系统

　　进排泥系统可任意指定引水泵、高压进水泵、管内排泥接力泵、井内排泥提升泵等多台设备及多个接力泵，一键操作，自动延时启停所有水泵。可在每个泵附近管路上配有一压力传感器，用以监视管路堵塞或爆管情况，当后端出现跳闸、爆管、漏水等故障时，系统自动关闭前端水泵、包含高压进水泵，构建泥水循环系统，保证管路通畅，同样也能减少劳动力。

4.7.5　远程监控系统

　　针对项目部远离施工现场的情况，为了节约成本，提高施工管理效率的同时，加强施工管理深度，另外还应设计有远程监视客户端，将多路顶管的工作信息汇总到一个界面上，起到监视和对比的作用，从而实现了上、下位机以及更高层次的厂级联网，即达成了将顶管下位机信息传送到中控室上位机，然后再传至项目部办公室集中监控的目的，方便管理层指挥工作。

4.7.6 故障诊断系统

故障诊断系统主要用于对重要的运行数据（土舱压力，油压、顶力、姿态等）的变化范围进行监控，超限时进行预警提示，并做停机处理。实时监测所有设备的运行情况，一旦发生故障立刻进行相应的故障处理并发出报警指令。实现快速排障，保证了设备人身安全。

4.7.7 报表系统

报表系统可改变所有操作指令数据都需手工完成记录这一传统方式。对施工过程中的运行数据（油压、顶力、姿态），统计量（顶进距离、用时、压浆量），测量数据（上下、左右偏差）等重要数据分别进行记录，提供了理论依据。并可自定义查询历史数据，可生成打印报表，方便人员汇报，也利于管理层进行分析，发布下一步决策指令，更好地指导施工工作。

4.8 超长距离曲线顶管自动测量施工技术

直线顶管在沉井内能与机头直接通信和视频连接，因此测量机头的位置容易控制。在沉井内安置经纬仪和水准仪或激光指向仪，并在机头内安置测量标志，就可以随时测量机头的位置及其偏差。但长距离曲线顶管受管道视距限制，顶管首尾不可见。要解决超长曲线顶管施工测量存在的问题必须采用自动测量的技术。

为快速有效地进行顶管日常偏差测量，利用全站仪（测量机器人）组网形成自动测量系统，辅以可靠的通信设施进行自动化联测。另外，由于顶管施工的特性，管内各测站将随着管节一起移动，因此，曲线段的测站必须随顶管的顶进及时移动调整。

在顶管施工时，按沉井穿墙管的实际坐标测量放线，定出管道顶进轴线并将轴线投放到沉井内的测量平台和井壁上。

4.8.1 顶管自动测量系统

1. 系统组成

由计算机、测量机器人、通信系统组成。

计算机（图4.8-1）发出开始测量指令，接收测量数据，计算顶管机头实际三维坐标与设计轴线的偏差。

测量机器人由自动测量全站仪和自动安平基座组成，进行水平角、竖直角和距离观测。测量机器人与上部棱镜、测量支架组成测量中继站（图4.8-2、图4.8-3）。

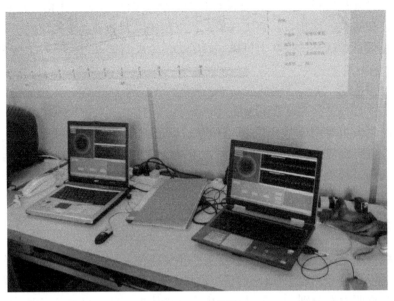

图 4.8-1　计算机

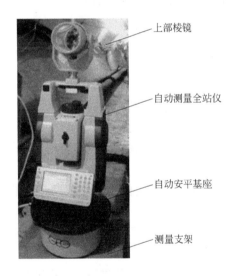

图 4.8-2　测量中继站

上部棱镜

自动测量全站仪

自动安平基座

测量支架

图 4.8-3　管道内测量中继站

通信系统主要用于计算机和测量机器人间的数据通信，为了长距离信息传输稳定采用通信电缆。

2. 测量原理

顶管自动测量系统采用的测量方式是导线测量和三角高程传递测量。以沉井内测量基站和井壁后视棱镜为导线测量的起始基准线，以测量基站的仪高为高程基准。

根据顶管设计轴线，预先模拟出测量中继站的大致位置及所需测量机器人的数量。在顶管各个施工转弯处建立测量中继站，每个测量中继站设置一台测量机器人，每台测量机器人通过通信电缆和计算机中心的计算机连接，由计算机按程序依次指挥各台测量机器人进行自动跟踪测量。测量机器人施测完成后将测得的数据通过通信电缆传输回计算机中心，并由计算机进行计算处理，最终得出顶管机头实际三维坐标与设计轴线的偏差。

3. 系统特点

（1）建立高精度的基准点，采用实时测量方案，可以最大限度地消除或减少多种误差因素，从而大幅度地提高测量精度。

（2）能在短时间内同时求得机头中心的三维偏差和当前里程，及时指导纠偏。

（3）测量机器人可在无人值守的情况下，实现遥控逐站自动测量，节约了大量的人力。

（4）实时进行数据采集、数据处理、数据分析及可视化的偏差信息显示等。

（5）系统维护方便，运行成本低。

4.8.2 顶管自动测量工艺流程

顶管自动测量工艺流程如图 4.8-4 所示。

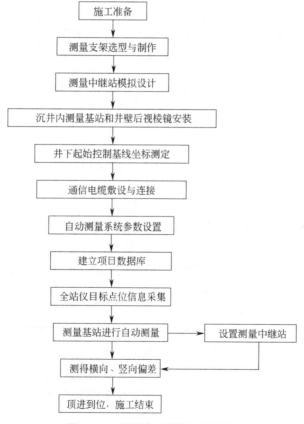

图 4.8-4 顶管自动测量工艺流程

4.8.3 自动测量实施情况

1. 自动测量控制依据

依据地面导线测量和竖井联系测量的结果，以沉井内测量基站作为起始测站，井壁后视棱镜作为后视，以此两点的坐标作为顶管自动测量的起始数据向顶管内传递。根据自动测量的三维成果指导顶管进行纠偏。在顶管顶进施工期间，结合施工进度对起始数据进行复测（开始至300m内进行了两次，以后每顶进200m传递1次），保证测量起始数据的可靠性。

2. 自动测量中继站的布置

（1）测量支架的布置形式

测量支架采用槽钢和钢筋焊接加工而成，测量支架与管节通过膨胀螺栓可靠连接。根据顶管区间的设计曲线和施工现场条件，测量支架的布置形式分为两种（见图4.8-5）：

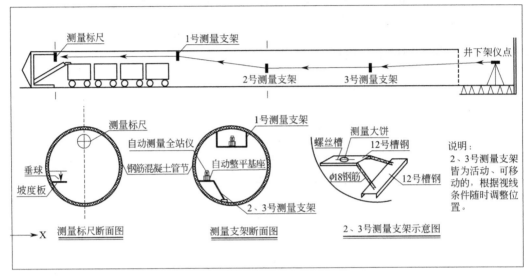

图4.8-5　测量支架示意图

①最靠近顶管机头的1号测量支架以吊篮的形式固定在顶管机头后50m处的管顶，该测量支架上的自动整平基座和全站仪可通过预留的螺栓槽在支架上灵活横向移动。

②中间的2、3号测量支架布置在有利于拉长视距的管节侧下方，且都是活动的、可纵向移动的，随着顶管推进时管内的视线调整测量中继站的前后位置，该测量支架上的自动整平基座和全站仪也能在支架上灵活横向移动。

（2）自动测量中继站的布置

上海市污水治理白龙港片区南线输送干线完善工程6条顶管均是由直线段和曲线段组成，且曲线段的长度较长、半径较小，通视条件差。根据以往的工程经验和该顶管区间的实际情况，我们在每条顶管中分别投入了4～8套SOKKIA-SRX1型和LEICA TCA1201型自动测量全站仪进行施工测量。测量中继站随着顶管施工的实际进程，结合模拟方案及时进行设置，其具体设置位置为：

①外环8号～外环9号：

顶管设计轴线的零点、450m、590m、720m、860m处。

②迎宾1号～外环9号：

顶管设计轴线的零点、500m、630m、800m处，见图4.8-6。

③迎宾1号～迎宾3号：

北线：顶管设计轴线的零点、390m、630m、810m、1850m处。

南线：顶管设计轴线的零点、370m、530m、700m、850m、1130m、1530m、1860m处。

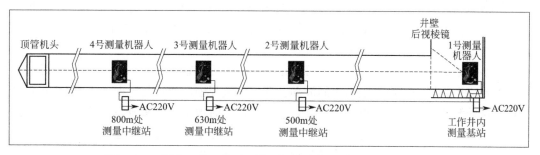

图 4.8-6 迎宾 1 号~外环 9 号区间测量中继站设置位置示意图

3. 自动测量施测过程

自动测量施测时，由计算机中心发出指令，1 号测量机器人瞄准井壁后视棱镜进行定向，定向结束后瞄准 2 号测量机器人上方与全站仪竖轴同轴的上部棱镜进行测量，测量完成后将测量数据传输回计算机中心；然后 2 号测量机器人瞄准 1 号进行后视定向，瞄准 3 号进行测量，并传回测量数据，接着是 3 号、4 号……n 号，并由设置在最前方的 n 号测量机器人测出顶管机头的实际三维坐标，最后通过自动测量系统软件计算出顶管机头实际三维坐标与设计轴线的偏差，控制顶管机头沿设计轴线顶进，见图 4.8-7。在迎宾 1 号~迎宾 3 号南线顶管施工过程中，我们设置了 8 台自动测量全站仪，自动测量系统完成单次测量（包括整个测量及计算过程）所需的时间一般在 10min 左右。

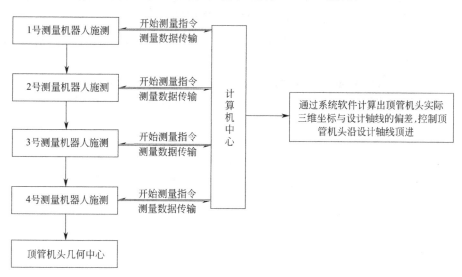

图 4.8-7 自动测量施测流程图

4.8.4 自动测量偏差情况及数据分析

从上海市污水治理白龙港片区南线输送干线完善工程的测量数据分析得出：在 100~300m（直线段），所有的偏差数据都比较小，测量数据在中线上下波动；在 400~600m

（曲线段），受顶管不均匀顶力（左小右大）的影响，测量数据整体偏左，最大时达到了9.4cm；在 1000～1200m（直线段），随着多个测量中继站的设置，测量精度有所损失，测量数据以偏右居多；在 1800～2030m（曲线段），测量数据在中线上下波动，且刚开始时波动幅度较大，到 1960m 时偏差数据已控制在 ±5cm 之内，到达接收井洞圈时的贯通误差为 −1.4cm。

从整体数据来看，自动测量系统可以很稳定地测定顶管机头的偏差，连续跟踪测量时测量偏差成果数据一般在几毫米之间波动。在顶进过程中，通过与定期人工测量的结果相比较，自动测量偏差成果的可靠性很高，能准确、及时地引导机头进行纠偏。

顶管自动测量系统运行稳定、测量精度高、自动化水平高、环境适应性强、信息传输距离长且稳定，为长距离曲线顶管测量提供了更方便、更快捷的方法，大大节约了人力资源、时间资源。在该工程中，该系统的应用效果良好，最终 6 条顶管都顺利沿设计轴线顶进到位，最大偏差均能满足规范及设计的要求。

4.9　超长距离顶管供电技术

顶管工程长距离供电会产生严重的电压降，影响管道内各种用电设备的正常使用，因而管内应采用高压配电，再通过变压器降压输出常规动力和照明电。

高压供电解决了电压降的问题，但也带来了安全隐患。最大的安全隐患就是井下吊顶铁、吊管时万一碰撞、砸伤高压电缆将带来严重后果，因此需要在井下设置一个带零序继电保护的高压操作电柜，万一高压电缆碰坏损伤接地电柜将立即跳闸断电。另外，地面的箱式变压器也带有继电保护回路，给了电路第二道保护。

地面的箱式变压器、井下的高压操作电柜、管内的电降压变压器设置可靠的安全接地，并保证良好的接地电阻系数。

箱式变压器、管内电降压变压器、高压电缆在使用前将请供电部门来进行高压绝缘的测试，以确保使用前的安全可靠。

5 超大直径钢筋混凝土顶管经济性分析

5.1 概述

　　顶管法是一种现代化的非开挖管道敷设施工方法。目前，在修建下水道、工业地下管线、地下人行道，穿越铁路、公路、河流的通道等地下工程时，为了避免地下构筑物的障碍，对风景区和地面建筑物产生破坏以及影响交通等，国内外已经广泛地采用了这种施工技术。地下管道工程一般可以采用开槽埋管、顶管法、盾构法进行施工。开槽埋管是目前使用最多的方法，特别是对于埋深较浅的地下管道。盾构法适用于较大直径管道的建设，能够在埋深较深的地下进行管道非开挖施工。对于某一个具体的地下管道工程，采用哪一种管道敷设方法，哪一种方法更加经济合理，是工程决策者必须面对的问题。但是目前国内对这方面的研究很少。

　　工程线路一旦确定，场地环境也就基本清楚了，这时应先调查施工现场是否需要拆迁建（构）筑物，如果需要拆迁，要估算拆迁费用。当拆迁费和开槽埋管的直接费相加超过非开挖施工费用时，应优先采用非开挖施工；在软土地区敷设地下管道，当管道埋深超过5m时，要考虑采用非开挖施工；当施工现场地处交通繁忙地带，或是建（构）筑物很多，采用开槽埋管会造成显著的经济损失时，应优先采用非开挖施工。在非开挖施工中，一般地下管道的直径小于3m时，采用顶管法施工。随着科学技术的进步、国民经济的高速发展和工程建设的需要，大直径、长距离顶管施工技术无论在理论上，还是在施工工艺上，都有了很大的进步和发展。以上海市污水治理白龙港片区南线输送干线完善工程东段输送干管为例，工程整个干管采用两根 $\phi4000$ 双管深埋输送，管底标高约 $-8.5\sim -10.0m$（即埋深 12.5～15m）。管线全长约 26km，目前国内最大直径的钢筋混凝土顶管为内径 $\phi4000mm$，外径 $\phi4640mm$ 的钢筋混凝土顶管，单次顶进长度也达到 2039.82m。根据工程特点不考虑采用开挖形式的埋管工艺，本节从经济的角度分析比较盾构法与顶管法优劣。

5.2 方案分析及经济性比较

1. 盾构方案分析

　　工程若采用盾构内衬管，最大的问题是工期和投资。以盾构掘进距离 2000m，每次内衬浇筑 30m，每节施工养护共 14d。即使所有区间同时作业，单内衬施工需耗时约450d，即使考虑各区间同时作业，整个项目的施工总工期要三年以上。以下主要按钢连接件盾构分析。

（1）接缝多

φ4000 管道总长 52km，管片宽度 1.5m，共 35 000 环，环向缝计 47 万 m；每环按 5 块管片计，纵向缝为 26 万 m。

（2）钢连接件多

工程总管片 35 000 环，每环按 5 块管片，计 175 000 块管片，共需螺栓 35 万套。而一根压力输水管道由 17.5 万块用螺栓连接而成，其漏水概率是很大的，任何螺栓连接质量出问题，均可能出较大事故，影响工期。

（3）盾构机费用高

另行购置盾构机，每套盾构机市场价约 2000 万元。以盾构沉井布置，按每台盾构机每天掘进 15 环，允许掘进时间一年，需盾构机 6 台。约需 1.2 亿元的盾构机具费。

（4）管片多——制作模具多

工程总管片 35 000 环，每环 5 块管片，每天每套模具制作 2 环，按一年供货周期，需 50 套模具，每套 50 万元，约需 2500 万元。

2. 顶管方案分析

（1）缝相对较少

标准管节长度 2.5m，共需管节 2.1 万节，缝长 28.7 万 m，并采用缝间特殊设计，顶管不容易渗漏。

（2）顶管机具制作简单、费用低

顶管机具顶距约 1km，来回调运安装需耗一定时间，按 10 台顶管机具，每台的成本 250 万元计，共需顶管机具费用 2500 万元。

（3）管节制作

制作供货厂家有 3m 或 3.5m 钢筋混凝土管节的制作能力，事先按管节设计图制作模具后，完全有能力制作管节。

管节的供应能力：共 2.1 万管节，按一年的供货周期，每天每套模具生产 3 节管节计算，约需 20 套模具。对供货商的约束可以通过管节供货单独招标，限定每家必须具备 10 套模具，并有足够的堆场，取若干中标单位确保管节供货及时。

另外，即使考虑模具在该项目中的摊销费，按 60 万元每套模具计算，共计 1200 万的模具费，分摊到 54km 的区间管节费仅约 230 元/m。

3. 经济性比较

从机具费、模具费和管道综合单价进行比较，其大概费用见表 5.2-1。

三种方案形式的经济性比较 表 5.2-1

方案形式	掘进机具费＋模具费(万元)	掘进机具和模具分摊单价(元/m)	综合单价(万元/m)
顶管	2500＋1200	711	3.35
连接件盾构	12000＋2500	2788	4.04
内衬盾构	12000＋2500	2788	4.13

由表 5.2-1 可以得知在经济上，顶管的优越性更显突出。

6 工程施工效果

6.1 工程概况

6.1.1 工程简介

上海市污水治理白龙港片区南线输送干线完善工程，主要建设长约 26.21km 的污水输送干管。干管起点自外环线和罗山路交叉口，与原南线西段相接，沿外环线和迎宾大道自西向东敷设，至远东大道后折向北，沿远东大道自南向北敷设，至龙东大道后折向东，与中线、南干线一起，沿龙东支路分别进入白龙港污水厂，污水处理后外排至长江，干管敷设简图见图 6.1-1。

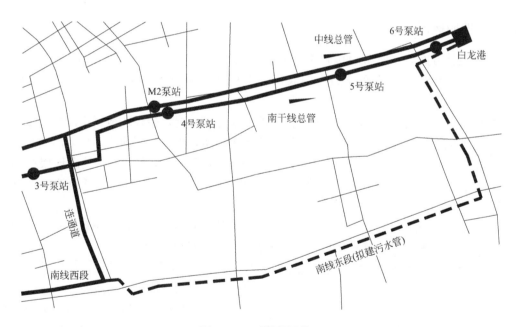

图 6.1-1　干管敷设简图

全线干管拟采用顶管方式，平行双管敷设。顶管内径为 4000mm，外径为 4640mm，顶管底埋深 14.0～15.0m，管道材质为钢筋混凝土预制管，每节管长度为 2.5m，接头为 F 形接头。

顶管沿线共设置 33 座顶管井，顶管井埋深 16.2～17.3m。顶管井拟主要采用沉井法施工，也可采用基坑围护开挖的施工方式。

6.1.2 工程特点

南线输送管线为特大型输送干线工程，且输送介质为污水，具有一定特殊性，要求相对较高。大型输送管道一般要求敷设双管（已建中线和南线西段均为双管），以确保系统运行的安全性，同时，为节约能耗和优化水力条件，本工程全线不设倒虹，通过已建 SB 泵站一次输送至白龙港污水厂，全线均为压力流，要求管道具备一定的耐压能力，且在受压时不能有渗漏，同时需具备抗污水腐蚀的能力。此外，本工程管线位于绿化带内，需选用对绿化带影响较小的非开挖施工法，主要功能要求归纳如下：

（1）管道需双管敷设；

（2）采用非开挖施工；

（3）管道直径较大，$DN4000$ 或以上；

（4）管道需承受 0.1～0.2MPa 内水压力，检验压力 0.15～0.3MPa，对管道耐压要求高；

（5）输送介质为污水，防渗要求高，污水有较强腐蚀性，管道防腐要求高；

（6）因管道管位设置及需避让沿线立交桥、磁悬浮、地铁、跨线桥等，沿线曲线较多。

6.1.3 地质概况

根据设计方案，干管敷设位置主要为环南大道南侧绿化带、迎宾大道南侧绿化带、远东大道西侧绿化带和龙东支路南侧农田。沿线基本为绿化用地或农田地，场地地势平坦。

根据"上海市地貌类型图"和勘察揭示的地层分布情况，拟建场地以川南奉公路为界划分为两种地貌类型，公路以西位属滨海平原地貌类型，以东位属河口砂嘴砂岛地貌。

拟建场地 50.0m 深度范围内地层除第①层填土属近代堆积形成外，其余地层均属第四纪沉积层，主要由表层填土、黏性土、淤泥质黏性土、粉性土组成。场地地基土分析如下：

（1）第①层填土，填料不均，农田、绿化苗圃处以素填土为主，跨越现状道路、河浜处一般分布杂填土为主，填土厚度一般为 0.8～1.5m，最厚处达 3.8m。

（2）第②$_1$层褐黄～灰黄色粉质黏土，为软土地区典型的"硬壳层"，厚度较薄，在 0.5～2.6m，可塑～软塑状，中压缩性，分布较稳定，局部受填土影响缺失。

（3）第②$_3$层灰黄～灰色砂质粉土，分布在川南奉公路以东，河口砂嘴砂岛地貌类型区段，该层土呈稍密状，中压缩性，分布较稳定，厚度 3.0～7.6m。②$_3$层砂质粉土在具有一定水头的动水压力作用下易于产生流砂现象。

（4）第③、④层淤泥质黏性土，分布稳定，厚度在 12.0～18.0m，呈流塑状，高压缩性，高灵敏度，顶管主要在第③、④层中穿越。

第③层中夹有不连续层状分布的③$_T$层砂质粉土，稍密状，中压缩性，③$_T$层分布在川南奉公路以西，滨海平原地貌类型区段，该层土在具有一定水头的动水压力作用下易于产生流砂现象。

（5）第⑤$_1$层灰色黏土，呈软塑～流塑状，分布稳定，高压缩性，厚度 3.0～7.5m。

（6）第⑤₃₁层灰色粉质黏土夹粉砂，呈软～流塑状，中～高压缩性，一般厚度8.0～15.0m，见于罗山路～楼横港和川南奉公路～白龙港污水处理厂之间；第⑤₃₂层灰色砂质粉土夹黏土，呈中密状，中压缩性，一般厚度为5.0～8.0m，见于罗山路～楼横港和川南奉公路～白龙港污水处理厂之间；第⑤₃₃层灰色粉质黏土夹粉砂，呈软塑状，中～高压缩性，伏于⑤₃₂层之下，见于线路东段靠近白龙港污水处理厂处；第⑤₄层灰绿色粉质黏土，呈可塑状，中压缩性，厚度为1.3～2.4m，局部分布。这四层均为古河道沉积土层。

（7）第⑥层暗绿～草黄色粉质黏土，为正常地层沉积土层，是上海地区典型的"硬土层"，厚度为0.6～3.5m，呈硬～可塑状，中压缩性，主要见于楼横港～川南奉公路之间。

（8）第⑦₁层黄～灰黄色砂质粉土，呈中密状、中压缩性，受古河道切割，分布不稳定，层顶埋深26.6～31.7m，厚度4.8～10.4m，主要见于环东二大道立交～迎宾大道立交之间。

（9）灰黄～灰色粉砂，呈密实状、中压缩性，受古河道切割，分布不太稳定，层顶埋深34.2～47.5m，勘察钻至50.0m未钻穿，该层土在古河道切割深度较大处缺失。

土层参数见表6.1-1。

土层参数 表 6.1-1

层号	土层名称	层厚（m）	含水率 w（%）	重度（kN/m³）	孔隙比 e_0	黏聚力 c（kPa）	内摩擦角（°）	压缩模量 E_s（MPa）	标贯击数 N	静探 P_s（MPa）
②₁	粉质黏土	1.52	30.0	18.8	0.845	22	15.3	5.24		0.915
②₃	砂质粉土	4.58	29.4	18.8	0.823	3	30.6	9.19	8.9	3.541
③	粉质黏土	3.83	42.6	17.5	1.183	12	13.4	3.32		0.592
③ₜ	砂质粉土	1.66	29.8	18.8	0.822	2	30.3	11.42	5.9	2.493
④	淤泥质黏土	12.82	50.9	16.8	1.429	11	10.8	2.32		0.678
⑤₁	黏土	5.00	40.8	17.6	1.156	15	14.0	3.46		1.037

拟建场地地下水由浅部土层中的潜水和深部粉（砂）性土层中的承压（微承压）水组成，地下水补给来源主要为大气降水与地表径流。

（1）潜水：地下潜水位埋深为0.6～1.8m（高程4.22～2.48m），受潮汐、降水量、季节、气候等因素影响而变化。按上海市工程建设规范《岩土工程勘察规范》DGJ 08—37—2012上海市年平均水位埋深0.5～1.5m。

（2）承压（微承压）水：拟建场地承压（微承压）水主要为⑤₃₂层微承压水和⑦层承压水，承压水位一般低于潜水位，呈周期性变化，埋深3.0～11.0m。

（3）地下水、土的腐蚀性：根据上海地区的实践，拟建场地地层属弱透水层，按Ⅲ类环境考虑。根据现场调查，拟建场地周围未发现污染源，按《岩土工程勘察规范》DGJ 08—37—2012有关规定，初步判定本场地地表水、地下水和地基土对混凝土结构无腐蚀性；对长期浸水条件下的钢筋混凝土结构中钢筋无腐蚀性，对干、湿交替条件下的钢筋混凝土结构中钢筋具有弱腐蚀性；对钢结构具有中等腐蚀性。

6.1.4 顶管施工涉及的土层和地下水分析

根据设计方案，顶管管底标高在工程起点（外环 1 号）处为 -8.50m，在工程终点（远东 15 号）处为 -11.0m，顶管外径为 4.64m。勘察结果表明，顶管管体主要位于③层淤泥质粉质黏土和④层淤泥质黏土，仅有局部顶管遇及②₃ 砂质粉土。③层、④层为软黏性土层，顶进阻力较小，但其强度低、渗透性差、含水量高、压缩性高、灵敏度高，具触变性和流变性，施工易受扰动，容易导致开挖面失稳。

拟建场地地下水埋藏较浅，地下水对顶管施工影响很大。浅层潜水由于顶管开挖出土产生水头差而渗流，导致粉性土产生流砂，对顶管施工不利。施工时应充分考虑地下水对工程施工的影响，采取合理的施工工艺或采取降水措施进行防范。

6.2 环境影响与控制技术

结合上海市污水治理白龙港片区南线输送干线完善工程（东段输送干管）SST2.4 标段，对顶管穿越建（构）筑物所引起的环境影响进行分析研究。本段工程顶管施工要穿越电力电信管线、已有民房建筑与磁悬浮列车轨道，对环境保护要求高。

本部分将对顶管施工扰动控制要素进行分析确定，据此对顶管穿越建（构）筑物引起的影响进行预测，并结合实测数据，验证分析结果的准确性。通过整理分析实测数据，研究顶管施工引起的土体扰动机理与变形规律，为施工中实现有效环境影响控制提供科学依据。

6.2.1 超大直径顶管施工扰动的控制要素

1. 顶管施工扰动安全控制原理与控制技术

顶管施工引起地表变形进而以各种形式引起周边建筑物及地下管线的破坏。因此，要防止周边构（建）筑物破坏，保护周边环境，就必须控制顶管施工引起的地表变形。根据现在国内外已有经验，完全防止地层移动是不可能的。但如果能够做到施工前对地质和环境条件进行周密调查，基本技术方案措施合理，施工操作得当，可以把地层移动的幅度控制在较小的限度内，实现微扰动施工的目标，从而减少顶管施工对周围市政环境的影响。

具体操作流程见图 6.2-1。

2. 顶管施工分时分阶段控制

（1）前期准备阶段控制

顶管施工最突出的特点是施工工艺的适应性问题。针对不同土质、不同施工条件必须选用不同的顶管施工机具和施工方法。顶管机具选择合理，对于保证工程质量、控制并减少地面沉降、降低工程造价都具有十分明显的作用。目前，主要是根据地质条件、地下水情况、施工场地大小、施工环境影响等，选用合适的顶管机具。

1）工具管的合理选择

工具管装在所顶管道的最前端，用以挖土取土、保持开挖面稳定、确保正确的顶进方向，它有很多种形式。工具管选择的好与坏是决定顶管成败的关键。

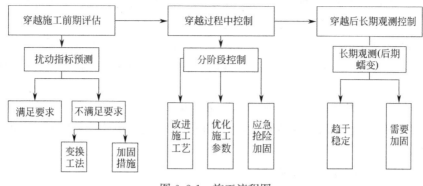

图 6.2-1　施工流程图

2）机具、工艺选用

无论采用何种机具、工艺，均应视具体情况而定，因地制宜才能充分显示各种顶管机独特的优越性，具体可按以下原则进行选择：

①首先详细了解工程概况、工程地质条件、地下水位、顶管直径、埋深、附近地上和地下建筑物（构）筑物及各种设施和管线的埋设情况。对于顶管前方地下障碍物探查可采用地质雷达探测，采用顶管前方超前预报的环形剖面与管线地基剖面探测相结合的方法，不会影响施工的正常顶进。

②技术方案的比较，可以从以下几个方面进行：

A. 对于小直径顶管，因人无法在管内施工，通常采用泥水顶进。当顶进长度较短、管道直径较小且为金属管时，宜采用一次性顶进的挤密土层顶管法。

B. 对于埋深较大的管段，可以从有无地下水及所处土层特性考虑，若地下水位较低，土层较稳定，可选用手掘式顶管；若地下水位高或者变化大以及土质较松软，则宜采用全断面掘进机施工。用手掘式顶管施工时，应将地下水位降至管底以下不小于 0.5m 处，以防止其他水源进入管道。

C. 对于地下障碍物较多的情况，应选用具有除障功能的机械式掘进机或采用手掘式顶管。手掘式顶管只适于能自立的土中。

D. 在黏性或砂性土层，当无地下水影响时，宜用手掘式或机械挖掘式顶管，当黏性土层中必须控制地面隆陷时，宜用土压平衡顶管法。

E. 当土质为砂砾土时，可采用具有支撑的工具管或注浆加固土层的措施。在粉砂土层中，如需控制地面隆沉，宜采用加泥式土压平衡或泥水平衡顶管法。

F. 在软土层且无障碍物的情况下，管顶以上土层较厚时，宜采用挤压式或网格式顶管法。在软弱土层中宜采用土压平衡或局部气压等施工方法，选择土压平衡工具管时，还要考虑其刀盘的适用情况和刀盘的切削面积。

G. 在流砂层中顶管可采取局部气压施工或泥水平衡法施工。

（2）施工过程控制

最佳顶管推进是指顶管推进中对周围地层及地面的影响最小，表现为：地层的强度下降小、受到扰动小、地面隆沉小以及顶管完成后的固结沉降小，这些理想指标也是顶管施工中控制地面沉降和保护环境的首要条件和治本办法。

顶管掘进主要由 4 个参数控制，即：开挖面土压力、推进速度、同步注浆、纠偏方向与纠偏量。掘进过程中，必须视管道上覆土厚度、地质条件、地面荷载情况及顶管顶进姿态、地表监测情况等进行参数调整。这些参数既是各自独立的，又存在互相匹配、优化组合的问题。优化组合的根本目的是控制顶管推进轴线偏差不超出允许范围，以及减少地层变形的影响。

推进中参数优化组合的宏观表现就是地表变形的控制，同时必须配以相应的监测手段，将实测的各类数据与监测的地表沉降值整理分析、优化组合，指导下一步的顶进，实行信息化施工。

（3）穿越过程中的分阶段控制

前面已经说明，顶管顶进施工时地面纵向隆沉曲线大致可以划分为 4 个阶段，即：前期波动阶段、隆起阶段、施工期沉降阶段和后期沉降阶段，见图 6.2-2。

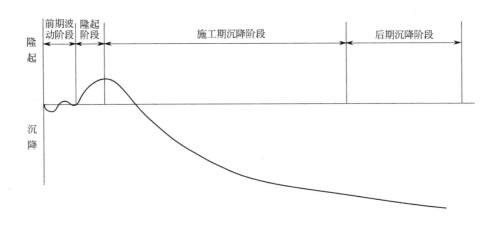

图 6.2-2　施工阶段地表变形状况

①前期波动阶段

当顶管机头距离测点大约 100m，通过实测数据可知，测点位置的地面沉降就会开始产生微小的波动。一般顶管正常施工时，顶进速度大约为 15m/d，所以从时间角度计算，该阶段开始于距离测点大约还有一周的时间。

该阶段的隆沉量变化范围大概在 −2mm～+1mm。

②隆起阶段

随着顶管机头逐渐靠近测点，测点位置处地面开始出现比较明显的隆起，该阶段大概开始于顶管机头距离测点位置 50m，从时间角度考虑，大概在到达测点前 3d 开始进入隆起阶段。

该阶段的隆起量变化范围大概在 0～+5mm。

③施工期沉降阶段

当顶管机头接近并最终到达测点位置处，此时的地面隆起值达到最大值，随后便开始进入沉降阶段，该阶段持续 25～30d，即顶管机头离开测点位置 400m 左右。

该阶段还可以细分为两部分：

A. 顶管机头穿过测点后的 20d 时间，即离开测点 250～300m 范围内，地面沉降速度较快，曲线上反映为斜率较大。该阶段的沉降量大概在 10mm。

B. 在这之后的 5～10d，沉降速率逐渐放缓，即曲线的斜率逐渐减小。该阶段的沉降量大概在 3mm。

④后期固结沉降阶段

当顶管线路贯通后，由于在施工过程中土体受到扰动以及孔隙水压力消散，施工后期会产生主固结沉降与土体骨架蠕变产生的次固结沉降。但是，由于在施工后要进行二次注浆换填，如果二次注浆效果良好，这部分沉降是很小的。上海地区的经验表明：后期沉降持续的时间较长，一般与地层性质，施工期受扰动情况等多方面因素有关，一般而言，会持续 2～3 个月时间，多的甚至可达半年到一年左右。

该阶段的变化量与多种因素相关，变化范围较大。本章重点研究施工期的控制标准，因此重点关注前三个阶段。

结合前面提出的控制标准，以及目前顶管施工的控制水平，提出如下的顶管施工过程中分阶段控制标准，见表 6.2-1。

顶管施工过程中分阶段控制标准　　　　　表 6.2-1

保护等级	前期波动阶段（mm）	隆起阶段（mm）	施工期沉降阶段（mm）	
			a 阶段	b 阶段
一级（微扰动级）	−1.0～+1.0	0～+2.0	0～−4.0	0～−1.0
二级	−2.0～+1.0	0～+3.0	0～−6.0	0～−2.0
三级	−4.0～+1.0	0～+4.0	0～−10.0	0～−5.0
四级	−5.0～+1.0	0～+6.0	0～−15.0	0～−10.0

注：以上数值均为该阶段的增量数值，而非累计数值。

3. 顶管施工工艺的控制措施

（1）选择适当的工具管

选择合适的顶管机头是保证顶管顺利施工的关键。前面已经分析了正面推进力、纠偏、管径、覆土厚度及土体力学参数等都会影响土体的位移。所以，应详细分析顶管机头所穿越土层的土壤参数，以便选择合适的工具管。《地下工程设计施工手册》给出了结合土体的稳定系数和地面沉降控制要求选定顶管掘进机正面装置形式及应采取的地面沉降控制措施。土体稳定系数定义为：

$$N_t = \frac{\gamma h + q}{S_u} \cdot n \tag{6.2-1}$$

式中　N_t——土体稳定系数；

　　　γ——土的天然重度；

　　　h——地面至机头中心的高度；

　　　q——地面超载；

　　　n——折减系数，一般取 1.0；

　　　S_u——土的不排水抗剪强度，$\varphi=0$ 时，$S_u=c$；$\varphi\neq0$ 时，$S_u=\tan\varphi+c$。

当 $N_t \geqslant 6$ 且地面沉降控制要求很高时，需采用封闭式顶管机头；

当 $4 < N_t < 6$ 而地面沉降控制要求不高时，采用挤压式或网格式顶管机头；

当 $N_t \leqslant 4$ 且地面沉降控制要求不高时，可采用手掘式顶管机头。

（2）保持开挖面的稳定

保持开挖面的稳定性可减少对前方土体的挤压与扰动。顶管施工要实现开挖面的稳定，可控制工具管前工作舱里的压力与土体压力平衡，也可通过控制排土的速度。现场实测研究表明：正面支护力决定了前方土体受挤压扰动的程度与范围。如果正面支护力与自然土压力相等，则土体不移动也无地层损失与土体位移，理论地面沉降为零，但在实际施工中这种平衡是达不到的。支护力增大，前方土体将受到较大的挤压，土体前移并产生地表隆起；支护力不足，土体产生应力释放，土体后移并产生沉降。因此，应合理地确定大刀盘的设定压力，并使之有效地自动平衡调节，保持泥水压力。

开挖面土压力的控制，首先根据地层情况确定目标土压力，然后在顶管推进过程中，用压力传感器来监测土压力的变化情况，再通过调节出土量来维持目标土压力。目标土压力理论上等于土层压力（开挖面静止水土压力的和），可通过传感器的测定值及排土量的变化来进行适当修正。

（3）控制推进速度

速度的选取应掌握使土体尽量地受切削而不是挤压。过量的挤压，势必产生前舱内外压差，增加对地层的扰动。正常推进，速度可控制在 $20 \sim 30\text{mm/min}$。同样，不同的地质条件，推进速度亦应不同，而且前舱的入土量必须与排土量相匹配。合理设定土压力控制值的同时应限制推进速度，如推进速度过快，螺旋输送机转速相应值达到极限，密封舱内土体来不及排出，会造成土压力设定失控。所以应根据螺旋输送机转速（相应极限值）控制最高掘进速度。由于推进速度和排土量的变化，前舱压力也会在地层压力值附近波动，施工中应特别注意调整推进速度和排土量，使压力波动控制在最小幅度。

（4）保证同步注浆

注浆对改良地层性状，有效降低地面沉降可起到积极的控制作用。顶管掘进中，以适当的压力、必要的数量和合理配合比的压浆材料，在管道背面环形建筑空隙进行同步注浆，这样能够减小摩擦阻力，有效控制或减小地面沉降。

浆液可根据不同的地质情况以及运输距离的远近，采用不同凝结时间的配合比。一般要求浆液能均匀地填充地层，注浆压力在理论上只需使浆液压入口的压力大于该处水土压力之和，即能使建筑空隙得以充盈即可。但注浆压力不能太大，否则会使周围土层产生劈裂，土层受到扰动而造成较大的后期沉降。

初始掘进阶段，可按 $1.2\gamma_0 h$（γ_0 为土密度）确定注浆压力。注浆时间也十分重要。注浆时间滞后，只能控制上部土体的沉降速度，控制不了上部土体的突然沉降。因此，浆液注入时间应与管体推进同步为宜，力求保证推进和注浆同时开始、同时结束。注浆量可按顶管推进的理论建筑总空隙 GP 确定：

$$GP = \pi L (R^2 - r^2) + g \tag{6.2-2}$$

式中　L——管道长度；

　　　R——顶管机外半径；

　　　r——管体外半径；

　　　g——顶管外 4 根注浆管的总体积。

理论上讲，浆液只需 100% 充填建筑总空隙即可，但尚须考虑下述因素：

①浆体的失水收缩固结，有效注入量小于实际注入量。

②部分浆液会劈裂到周围地层中。

③各种原因引起的地层损失。

调整即时注浆参数是控制地表沉降的关键。因此，合适的注浆量应比理论注浆量要大。实际操作过程中注浆量填充率应控制在1.35～1.70。

（5）减小纠偏角度

纠偏不可避免地产生土体位移，纠偏角度较大会对土体一侧产生较大的挤压，在另一侧则形成空隙，这部分空隙需由上部土体填充而产生土体位移。所以，在施工中尽量避免较大角度的纠偏。

为避免大角度纠偏可采用提高测量精度的办法来减小纠偏角度，急于纠偏将可能导致管道局部受压过大，使管壁破裂而发生渗漏，同时加重了对周围土体的扰动。

在实际施工中应遵循"一勤、二少、三及时"的原则进行纠偏操作。一勤就是勤纠偏，指的是纠偏要及时；二少就是少纠偏，指的是纠偏量要少；三及时就是及时回零，指的是在纠偏过程中，偏差下降到某个合适值，就应该使纠偏油缸回零。

（6）土体物理性质改善

顶管施工引起的地层损失和管道周围受扰动土体的工后固结沉降是导致地表下沉的主要原因。土的物理力学性质不同，地层移动大小也不同。施工结束后，由于施工荷载拆除，土体中总荷载减小，土体中的弹性变形得到恢复，但塑性变形不可恢复而成了永久变形。因此，在施工完成后应及时进行二次注浆换填膨润土浆液增加土的屈服应力，以减小土的黏塑性变形。在地下水较丰富及土质松散的地方，采用注浆、深层搅拌、降水等方法加固土体，改善土体的物理力学性质，减小顶管工后的固结沉降，从而起到保护环境的作用。

注浆材料可选用水泥、粉煤灰、石灰和膨润土等配制而成，加入适量水拌成单液浆体。浆体初凝时间较长且可泵性好，凝固后的强度略大于原状土的强度。

在注浆时，要适当控制注浆压力及注浆量。当注浆压力过大时，管道周围土体受到注浆压力的挤压，向外移动，则会产生地面隆起；如注浆压力过小，则土体向内移动，产生地面沉降。注浆压力一般为1.1～1.2倍的静止土压力，注浆量一般为理论注浆量的140%～200%。二次注浆是控制地表沉降的有效辅助手段，可大大降低施工后期的固结沉降与次固结沉降。

（7）选择大的曲率半径

在顶管设计与施工时，由于周围环境的影响，有些管路的施工必须采用曲线绕道施工。在曲线顶管施工时，曲率半径越小则每节顶管偏转角度越大，施工的侧向顶进载荷越大，对侧向土体产生挤压与扰动越大，对周围环境的影响也越大。因此，应尽量选择较大曲率半径的曲线顶管。

4. 超大直径泥水平衡顶管施工扰动的控制要素

（1）泥水平衡顶管施工流程图见图6.2-3。

（2）事前筹划

确定穿越掘进的主要技术参数。

①采用大刀盘泥水平衡顶管掘进机施工。

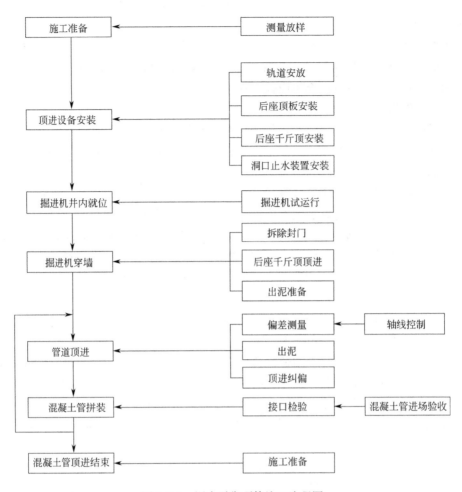

图 6.2-3 泥水平衡顶管施工流程图

②推进速度是 20mm/min，速度要均匀、慢速。

③顶管穿越时，每隔 20～30cm，复核顶管纠偏量。

④每 50cm 测量顶管姿态。

⑤水土压力设定值取静止土压力的 1.00～1.05 倍。尽量减少对地层的扰动。

⑥纠偏角设定与控制，水平与垂直纠偏幅度差尽量小，一般小于 0.5°。

⑦减少掘进机外径与管外径之间的空隙。

⑧ 选用优质触变泥浆材料和成熟的注浆工艺，减少对周围土体的扰动。

（3）事中控制

1）选择大刀盘泥水平衡顶管掘进机施工

大刀盘泥水平衡顶管掘进机对地表变形控制精度较好，面板式的大刀盘对开挖面的土体进行全断面切削，被切削的土体从主切削刀刃的缝隙中进入泥水舱，泥水舱内土体在刀盘后的搅拌棒和泥水的共同作用下破碎成为泥浆，通过控制泥水舱的泥水压力来平衡开挖面的水土压力，使开挖面始终处于稳定状态。

关键点：控制泥水系统的泥水相对密度、含泥量和泥水压力，并根据经验提出具体控制参数。在初始推进过程中，根据监测成果及时对原始参数进行优化，使开挖面始终处于最佳的平衡状态。

2）改善触变泥浆压浆工艺，形成完整泥浆套

顶管施工中的纠偏和管外壁背土都会引起建筑空隙增加，进而影响沉降。可以通过及时压注具有一定压力的优质触变泥浆填充产生的空隙。因此，触变泥浆润滑套是影响顶管地表变形的主要环节。

关键点：①出洞口的止水装置确保不渗漏，管接口密封性能良好。

②压浆须从出洞口开始，避免管进入土体后被握裹，而引起背土情况的发生。

③机尾的同步压浆要使浆套随机头不断延伸，避免中断。

④对管道沿线定时进行补浆，不断弥补浆液向土层的渗透量。

⑤严格控制注浆量、注浆压力及材料的配合比、搅拌时间、水化反应时间和压注方法等。

3）重视置换浆

顶进结束后，拆除触变泥浆压注孔接头之前，对每个孔的球阀内用纯水泥浆置换触变泥浆，避免管道的后期沉降。置换浆的工作应依次按顺序进行，边放浆边压注水泥浆，直到整个管道全部完成。

4）加强地表监测

采用信息化施工，利用监测结果指导施工，不断优化施工参数，提高掘进水平，加强对掘进水土压力、泥浆相对密度、推进姿态、推进速度、同步注浆等的管理，有效控制地层损失，将地面变形控制在最小的范围内。

5）合理设置水土压力值，防超挖、欠挖

顶管施工对周围环境和邻近建筑物变形有明显影响的参数有：正面水土压力、顶管推进速度、同步注浆量、补浆、泥浆相对密度、顶管姿态等。在顶管近距离穿越地下构筑物时，须合理选择上述参数。为确保沿线构筑物的稳定，顶管施工前，在路面沿顶管推进方向设置沉降观测孔。顶管推进时，根据地面沉降监测信息的反馈，精确测定地层的变形，及时调整水土压力和泥浆相对密度，从而科学合理地设置泥浆压力值及相宜的推进速度等参数，同时可根据地面荷载的情况，重新计算水土压力平衡设定值，并根据地面隆陷值加以调整，使顶管匀速推进，防止超挖、欠挖，以减少对土体的扰动。

6）控制顶速和纠偏

在顶管机穿越重要构筑物前，对导线控制网及井下、管道内的测量控制点进行复测。在确认无误的情况下，顶管机根据测得的姿态，将轴线误差调整到小于10mm，以准确的姿态进行穿越的推进。考虑施工机械的精度、人工控制的误差、土层的不均匀性以及顶管本身设计轴线的曲率变化等因素，顶管姿态会随顶管的推进而变化，其变化将在顶管四周产生空洞区和扰动挤压区，对周围环境产生影响。这就要求在穿越主要构筑物时，每50cm测量一次顶管机的姿态，顶管操作人员根据偏差及时调整顶管机的推进方向，尽可能减少纠偏，避免大量纠偏，适当降低顶速。

7）信息化施工

穿越重要构筑物的施工过程中，以监测数据为主，建立详细的信息传递网络，数据采集要准确、全面、及时。

5. 超大直径土压平衡顶管施工扰动的控制要素

(1) 土压平衡顶管施工流程图。

(2) 施工环境保护措施

在地下工程施工中，不仅要保证工程的安全、质量和进度，还需对工程四周环境、原有建筑加以保护，使其影响或损失减少到最低程度。

为及时了解顶管施工对周边环境及地下管线的影响程度，对顶管施工可能影响范围内的周边环境及地下管线进行监测，通过监测数据指导顶管施工，保证建筑物及地下管线的安全。

在顶管施工过程中，土体扰动而产生的沉降是不可避免的。在顶管机穿越过后或施工完成后，在顶管中心线左右两侧的地面产生沉降，并随着时间的推移，沉降槽的宽度与深度均缓慢扩大。采用不同的施工措施会产生不同的沉降结果。

①监测点的布置及频率

沉降监测点依据以下原则布置：在现场布置平行于顶管轴线的顶管中心沉降监测点和垂直于顶管轴线的沉降监测断面点。设定监测段，在顶管顶进方向上，沿顶管中心线每10m布置一沉降点，每30m布置一沉降测量断面。每一测量断面以轴线为中心，向两侧3m、5m、7m各布置一沉降测点，总计7点（含轴线上的点）。另外，为了解地下深层土体的变化情况，现场有条件的情况下可在区间段内重要区段布置深层监测点，埋深5~8m。

建筑物观测点的布置：应以能全面反映建筑物地基变形特征并结合地质情况及建筑结构特点确定。可根据不同的建筑结构类型和建筑材料，采用墙（柱）标志、基础标志和隐蔽式标志等。各类标志的立尺部位应加工成半球形或有明显的突出点。标志的埋设位置应避开如雨水管、窗台线、电气开关等有碍设标与观测的障碍物，并应使立尺需要离开墙（柱）面和地面一定距离。

顶管施工前，对所有监测点进行原始测量，顶管穿越时，进行实时监测；顶管穿越后每天监测一次，持续一周；顶管穿越后每3天监测一次，直至顶管结束，发现异常情况增加监测频率；顶管结束后，每周监测一次，持续一个月。

②施工监测

施工监测是整个工程的重要组成部分，应对重点对象重点监测。在整个施工过程中应根据施工不同阶段对周围环境的影响程度加以区别对待，在关键阶段加密监测频率，在整个监测过程中对敏感的监测项目设置报警值，及时监测、分析其变化发展趋势。监测点的埋设应突出有效性，能敏感的反映周围环境的变化。

对土压力、推进速度、出土量、触变泥浆注浆量和注浆压力设定与地面沉降关系进行分析，掌握试验段区间顶管推进土体沉降变化规律，并摸索土体性质，以便正确设定穿越建（构）筑物的施工参数和采取相应措施减少土体沉降，切实保证顶管穿越建筑物的安全。

(3) 顶管穿越建筑物及河道保护措施

顶管穿越重要构（建）筑物及河道的核心是尽可能减小顶管施工对环境造成的扰动。而减小扰动则需要顶管施工土压平衡控制、顶进走向控制以及触变泥浆控制三方面联合进行控制。

1）顶管影响及穿越建（构）筑物检测评估

土压平衡顶管施工段位于外环 8 号井～外环 9 号井，顶管穿越或影响的建（构）筑物集中在直线段 1 及曲线顶管段。

直线段 1 区域内顶管穿越的建（构）筑物：

①顶进 271m 时穿越防火控制中心单层小屋，小屋平面尺寸为 10.59m×16.69m，底标高为＋2.97m；北线顶管顶进至 303.27m 处遇到 2 排方桩（其材质、桩长及底标高未知）。

②在 330.14m 位置，遇建（构）筑物平面尺寸 15.59m×9.06m，底标高为＋4.12m。

③在 354m 位置，遇建（构）筑物平面尺寸 15.08m×11.90m，底标高＋4.17m。

曲线段区域内顶管穿越及影响的建（构）筑物：

①顶进距离 742.363m，顶管可能会对位于横沔港右岸一处电缆线厂房产生地面沉降等影响，厂房地面标高＋4.0m 左右，其中南线离厂房的最短距离为 6.77m，北线离厂房的最短距离为 16.66m。

②在 727.52m 位置，顶管双线穿越汇能公司厂区，穿越总长度为 56.75m，穿越厂房距离为 41.35m。同时，在汇能公司厂区内，顶进距离为 781m 时，顶管会对该公司的洗手间产生影响，其中，南线距离洗手间 0.4m，北线距离洗手间 10.17m。

直线段 2 区域内顶管影响的建（构）筑物：在顶进距离 981m 位置，距离北线顶管 10.4m 处有一座小型变电塔。

为了进一步了解外环 8 号井～外环 9 号井顶管区域内建（构）筑物的现状，并作为施工影响程度的原始依据，对本工程施工可能影响的房屋、厂房等建（构）筑物进行检测评估。检测主要工作内容如下：

A. 了解建（构）筑物的结构体系。

B. 测量建（构）筑物的倾斜和不均匀沉降情况。

C. 记录房屋建筑构件的损坏部位、范围和程度。

施工结束后对建（构）筑物进行第二次复查检测，明确建（构）筑物影响程度。

2）顶管穿越公路及河道检测评估

顶管施工之前对顶管穿越公路、河流的地质情况进行踏勘，进一步确定顶管穿越公路及河道的长度、河道的涨落水位、河床标高以及顶管穿越河道的覆土深度等情况。施工段一共需要穿越 3 条河流，分别为横沔港、虹桥港、无名河以及川周公路。

①顶管穿越川周公路现场踏勘

顶管在顶进至 811.94m，顶管走向由曲线段过渡到直线段 2，将穿越川周公路，该公路路面宽度 8m，路面标高＋4.55m。

川周公路是一条较为重要的交通线路，保证公路路面在顶管穿越的时候不发生大的沉降是重要目标。事前可采取如下措施：

A. 在公路两侧布置沉降监测点，测量顶管穿越中公路的沉降情况，同时预埋注浆管路，保证公路路面不出现开裂、塌陷等情况。

B. 待顶管结束后，再次对公路路面进行复测。

②顶管穿越横沔港及虹桥港现场踏勘

顶管在顶进 418m 的距离时，将穿越横沔港。横沔港河道宽度为 31m 左右，水位标高+2.60m，河床面标高为+0.30m，水深2.30m，管道覆土厚度约为5m。

在顶进至866m的位置，将穿越虹桥港河道，该河道水面宽度约24m，水位标高+2.60m，河床面标高+1.00m，水深1.60m，管道覆土厚度约为5.7m。

在顶进至1010m的位置，将穿越无名河河道，该河道水面宽度约13m，水位标高+2.70m，河床面标高+1.68m，水深1.12m，管道覆土厚度约为6.3m。

A. 对穿越区域的河床标高进行测量，保证顶管覆土深度满足顶管施工的最小要求；

B. 在堤岸两侧布置沉降监测点，测量顶管穿越中堤岸的沉降情况，保证堤岸不出现路面开裂等情况。

待顶管（穿越）结束后，再次对河道堤岸进行复测。

3）顶管穿越前措施

①对所有关键地点的房屋进行摸查，重点是顶管直线段1区域内防火控制中心内建（构）筑物，曲线段内的电缆厂、汇能公司厂房以及川周公路。正式顶管施工前，完成对建（构）筑物的监测点布置以及原始数据测量。

②在穿越段内，防火控制中心为单层木制房屋。顶管施工时，在地面有沉降的情况下，房屋抵抗变形的能力较强，只需进行相应的监测活动。若出现大的沉降，则减慢顶进速度、增加触变泥浆量，顶管结束后在该区域压入水泥浆。

③在曲线段内，电缆厂和汇能公司的厂房应在顶管之前预埋注浆管，对顶进穿越该区域的前后10m进行沉降和位移监测。一旦出现大的变化，可立即对厂房进行注浆加固。

4）顶管穿越过程中措施

①顶管穿越建（构）筑物及公路措施

若顶进中发生沉降，首先通过预埋注浆管进行跟踪注浆。其次，调整顶管施工技术参数，直至顶管穿越，通过监测数据指导预埋注浆管的注浆频率及注浆量。

②顶管穿越河道措施

顶管穿越横沔港、虹桥港及无名河时（覆土厚不足7m且<1.5倍管道直径），将顶进速度放缓，同时适当调低同步注浆压力，防止出现河道与管道联通的情况；定时、定点观察河面的情况，及时对堤岸西侧道路的监测点进行沉降和位移测量，防止道路出现开裂、塌陷等情况。

5）顶管完成后措施

顶管完成后，对顶管外壁触变泥浆进行置换，置换浆液为水泥、粉煤灰混合浆液，补充触变减阻泥浆的空间，进一步防止后期沉降。

6.2.2 超大直径顶管穿越施工的控制技术

1. 顶管穿越施工保护方案

顶管施工房屋保护方案

①顶管施工内容

迎宾8号～迎宾9号顶管区间长度南线为959.9m，北线为960.9m，管间中心距为9.6m。迎宾8号井管中心标高为-8.02m，迎宾9号井管中心标高为-8.19mm，高差

0.17m，向下游顶进。两段顶管顶程均由 2 段直线和 1 段曲线组成，南线 416.17m（直线）＋135.104m（曲线，$R=1500m$）＋408.64m（直线），北线 416.9m（直线）＋135.104m（曲线，$R=1500m$）＋409.07m（直线）。

② 顶管穿越情况

本段区间顶管穿越浦东新区川沙新镇民利村，分别在 252～402m 和 539～562m 两段顶程穿越。按照技术要求在 35m 范围内（顶管区域中心每边各 17.5m），涉及居民住宅 31 户，面积约 7100m²，房屋有建成于 20 世纪 80、90 年代，部分建成于近年，房屋分布情况见图 6.2-4。

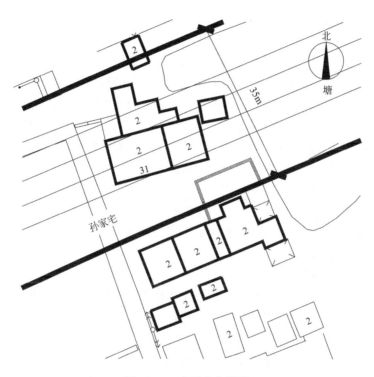

图 6.2-4　房屋分布情况

③建筑部分

所穿越房屋均为农村常见的村民用房。楼、地板采用预应力多孔板或现浇板，上铺地砖、木地板等，屋面为坡（瓦）屋面或平屋面，内墙为涂料、墙砖、木墙裙等，外墙为涂料、水刷石、面砖等，房屋内设强电、弱电、给水、排水等设施。

④结构部分

由于所穿越房屋为早期农村房屋，结构建造简单。根据现场调查观察，房屋为 1～3 层砖混结构，浅埋式砖基础，横墙承重，墙体多数采用烧结砖用混合砂浆砌筑的空斗墙。

⑤顶管穿越的民房情况统计

根据浦东房屋检测站的检测报告，该区间穿越房屋分为三个保护等级，视房屋的不同等级对其房屋破坏发展趋势进行不同的检查频率，具体见表 6.2-2。

民房保护等级 表 6.2-2

序号	房屋保护等级	房屋内容（民利村）	检查巡视	备注
1	一级	87、110、90、89、35、84、34	1次/d	重要保护
2	二级	115、91、113、94、116、112、33、85、95、108、37	1次/3d	中等保护
3	三级	92、117、86、107、32、185、93、36	1次/7d	一般保护
4	不明	109、93、111	1次/2d	未检测

2. 顶管穿越施工保护措施

（1）民房施工保护

民房沉降控制措施

由顶管下穿引起土体扰动固结沉降而引起民房下沉的控制措施：

①使用新型的泥水机械。引入自动平衡和人工微调的操作系统，确保开挖面稳定；设置合理的推进参数，如切口水压、推进速度等，最大限度地减小切口处地层损失率。

②采用管外壁泥浆套减少穿越过程中土体损失。顶管机尾同步注浆采用远程自动控制，监控注浆量和压力，确保形成完整的泥浆套，采用有效的措施减小顶进阻力，减小顶进中管道背土效应和对地层的扰动；采用有效的注浆材料和注浆工艺，以充填管道与土体之间的建筑孔隙，起到良好的支撑作用。

③顶进结束后进行泥浆固化。最大限度地减小顶管后的工后沉降。

④顶管穿越民房和后期置换浆过程中加强沉降观测。

（2）顶管前准备

1）减小开挖面沉降措施

①选用改进的泥水平衡顶管机。针对本工程顶管穿越民房的复杂性和特殊性，采用经改进的大刀盘、大扭矩、可变刀盘转速的远程控制泥水平衡顶管掘进机施工，该掘进机具有沉降控制精度高、顶进速度快、便于操作等特点。

②合理设置泥水压力减小地层损失。根据泥水压力值与监测地表变形之间的关系及时调整泥水压力至最佳状态，从而防止超挖和欠挖，以减少对土体的扰动。

③合理的推进参数。顶管掘进机推进速度对民房沉降变形有明显的影响。掘进机推进速度与土舱正面土压力、千斤顶推力、土体性质等因素有关，一般应综合考虑。过慢或过快的推进速度都将增加对土体的扰动。推进速度调整的范围根据两管线交叉处地表沉降监测数据调整。在穿越民房的推进过程中，每50cm测量一次掘进机的姿态偏差，尽可能地减少纠偏，同时适当降低推进速度、减少掘进机停顿次数。

2）减小顶进穿越中四周土体扰动引起的沉降措施

①特种泥浆的支撑及减阻。实践证明：只要在管外壁与土层之间形成良好性能的触变泥浆套，不仅使顶进阻力成倍下降，而且使沉降控制到最小。

② 减少纠偏。在穿越过程中，尽量减少纠偏，避免大幅度纠偏，从而减少对土体的扰动，降低沉降。

（3）顶管施工中对民房保护技术措施

①顶管顶进前100~200m作为模拟穿越房屋试验段（因为前100m为池塘）。进行深

层土体侧向位移及分层沉降监测，将根据分层沉降数据确定顶管推进施工参数。使用模拟试验段获得的穿越顶进参数，并根据分层沉降监测数据，及时微调顶进参数，确保顶管施工对民房影响降到最小。

②顶管机到达民房前调整到最佳穿越状态，并提前 30m 距离跟踪测量房屋沉降。如穿越过程中房屋沉降大于 5mm，在管内适当提高压力进行定点定向压注膨润土泥浆，填充顶管时地层损失土体，压注的膨润土泥浆确保失水率低、支撑性好，但要控制好注浆压力，确保地面不冒浆。

③当监测数据显示累计沉降有超过预警值 18mm 的趋势时，调用专用设备在沉降过大民房周围直接布设注浆孔做好注浆的施工准备；根据房屋沉降的监测结果合理布置注浆孔，初定间距为 3m。压注水泥浆液及水玻璃混合浆液，注浆压力控制在 (0.2 ± 0.02)MPa，注浆量视沉降情况而定，使沉降趋于稳定；当监测数据超过规定限值 25mm 超限时，开始注浆。

④顶管贯通后，利用原顶管所用的注浆管通过管节上的注浆孔进行置换浆，同时结合沉降监测结果，对沉降趋势明显区域分若干段用双液浆封闭后进行专项的加固处理。

3. 民房监测施工方案

1）民房沉降监测点布设原则

①监测点布设以能全面掌握所监测内容的变化情况为基础。

②监测点布置在基础类型、埋深和荷载有明显不同处及沉降缝、伸缩缝、新老建筑物连接处的两侧。

③应在建筑物的角点、中点布点。监测点布设在被监测民房周围的承重墙体上，测点距地面 20～30cm，采取纵横布设，点距宜为 6～20m。

2）民房倾斜和裂缝监测

建筑物倾斜监测，主要针对层高大于 2 层（包括 2 层）并处于顶管上方的建筑物，每幢建筑物，在靠近施工区域侧的房角布设 1 组互相垂直的 2 个倾斜监测点。每组测点应上、下部成对布设，并位于同一垂直线上，必要时中部加密。

裂缝监测点应符合以下要求：①在裂缝的首末端和最宽处应各布设一对监测点；②观测点的连线应垂直于裂缝。

3）监测频率

监测频率见表 6.2-3。

顶管施工期间监测频率　　　　　　　　　　　　　　　表 6.2-3

建筑物监测时段	监测频率
机头前 20m 及机头后 40m 范围内监测点的监测	4 次/d
顶管机头过后部分监测点的监测	1 次/d
顶管施工完成后	1 次(2～3)d(测试 5～10 次)
穿越重要构(建)筑物时	跟踪监测(每天不少于 4 次)

4）监测精度及技术要求

监测点分成三个级别，给予不同的关注度，具体见表6.2-4。

表 6.2-4

监测点等级划分

序号	监测点等级	监测点编号	备注
1	一级	F46～F59,F83～F86,F105～F108	重点关注
2	二级	F60～F72,F87～F90,F94～F104,F112～F116	中等关注
3	三级	F73～F82,F91～F93,F109～F111	一般关注

5）监测精度及技术要求

在监测工作中，监测精度应满足以下要求：

① 沉降位移监测误差≤0.5mm。

② 地下水位测量误差≤1cm。

③ 静力水准仪监测精度±0.1% F.S.R。

6）报警值的确定

监测项目报警建议值见表6.2-5。

表 6.2-5

监测项目报警建议值

序号	监测项目	变化速率(mm/d)	累计值(mm)
1	建筑物变形	1～3	20
2	土体测斜	3	35
3	分层沉降	3	30

4. 民房跟踪注浆专项方案

1）跟踪注浆施工准备

一旦通过管内注浆无法控制沉降，如监测数据显示累计沉降有超过预警值18mm的趋势，立即调用专用设备在沉降过大民房周围直接布设注浆孔做好注浆的施工准备。

2）跟踪注浆施工

若监测数据超过规定限值25mm则立即开始注浆。注浆施工基本原则为：控制压浆量及压浆压力，确保沉降变化缓和；加强加密沉降观测，根据沉降监测指导注浆施工。

具体施工安排如下：

①加强加密沉降监测。启用跟踪注浆施工，监测频率调整为2h/次。

② 注浆施工。注浆孔沿着房屋周边布置，初定间距为3m，现场根据实际情况进行调整；考虑到下方顶管施工注浆深度不宜太深和上部填土层土质松散容易冒浆，拟定注浆深度为3～7m，现场施工可根据不同深度土层注浆情况进行调整；注浆压力控制在0.2±0.02MPa，注浆量视沉降情况而定。

③ 注浆浆液的配合比。跟踪注浆浆液配合比见表6.2-6。

跟踪注浆浆液配合比表　　　　　　　表 6.2-6

序号	项目	设计参数
1	水泥	32.5 级复合硅酸盐水泥
2	水泥浆水灰比(质量比)	1:2
3	每米注浆量	4.39(管外壁建筑空隙 15 倍)
4	注浆压力	0.2±0.02MPa
5	每方浆液水与水泥含量	600kg:1200kg
6	浆液相对密度	1.8t/m³
7	固化浆里程号及管节号	全线

5. 顶管贯通完毕泥浆置换及双液注浆加固方案

构（建）筑物下方顶管管道为特殊注浆孔加密管，注浆孔加密管单管增加 8 个注浆孔，均匀分布在管道正中环向布置。顶管贯通后，利用原顶管所用的注浆管通过管节上增加的注浆孔进行置换浆，结合沉降监测结果，对沉降趋势明显区域分若干段用双液浆封闭后进行专项的加固处理。

①顶管贯通完毕泥浆置换及双液注浆加固方案

当顶进结束后，在拆除触变泥浆压注孔接头之前，必须对每个孔内用纯水泥浆置换触变泥浆，以避免管道的后期沉降。置换浆的工作应依次按顺序进行，边放浆边压注水泥浆，直到整段管道全部完成。

② 双液注浆浆液配合比（见表 6.2-7）

沉降较大区域双液注浆浆液配合比表　　　　　　表 6.2-7

序号	项目	设计参数
1	水泥	P.O32.5 复合硅酸盐水泥
2	水泥浆水灰比(质量比)	1:2
3	水泥浆液:水玻璃(体积比)	1:1
4	注浆压力	0.2±0.02MPa
5	每方浆液水与水泥含量	600kg:1200kg
6	双液浆范围	穿越民房区域(共 176 注浆孔)

6.2.3　超大直径顶管施工穿越民房施工的数值分析

在软土地区，土体的灵敏度高，在受到扰动作用后，由于软土具有蠕变效应，会引起更大的土体位移。由于采用顶管施工方法环境影响较小的特点，所以在地下管线铺设中得到了越来越广泛的应用。随着现代城市环境越来越复杂，在顶管工程中出现了地下穿越施工类型，相应对于顶管施工的环境影响提出了更高的要求。

1. 穿越建（构）筑物有限元模型

以本工程中实际穿越问题为背景，本标段主要穿越的建（构）筑物为民房与磁悬浮轨道。采用大型通用有限元软件 ABAQUS 对施工过程进行模拟，顶管穿越建筑物桩基示意图如图 6.2-5 所示。顶管穿越磁悬浮基础示意图如图 6.2-6 所示。

为了减小边界效应的影响，两个计算模型所取的土体宽度为 52m，深度为 30m；混凝土管片内径 4m，管片厚度为 320mm；外表泥浆层厚度为 20mm。

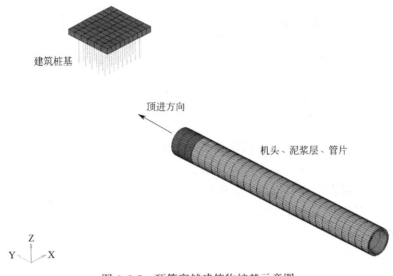

图 6.2-5　顶管穿越建筑物桩基示意图

其中穿越民房建筑模型的单元总数为 70105，总节点数为 61798；民房建筑考虑其桩基作用，民房本身利用简要实体单元模拟，模拟的民房高度假定为 1m；民房的高度在数值模拟中，主要是为了得出民房倾斜，因此对高度的设定进行了简化。

由于磁悬浮轨道架设于桩基承台之上，为了简化模型，我们可以研究支撑磁悬浮列车轨道的桩基承台随着顶管施工的状态变化来评估对于磁悬浮轨道的影响。穿越磁悬浮轨道模型的单元总数为 69962，总结点数为 61751。

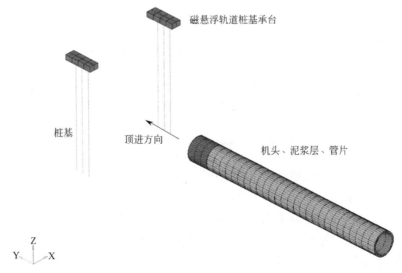

图 6.2-6　顶管穿越磁悬浮基础示意图

2. 数值模拟结果与规律分析

图 6.2-7 所示为数值模拟顶管穿越民房建筑过程中，建筑物的最大竖向位移随着时间的变化曲线。

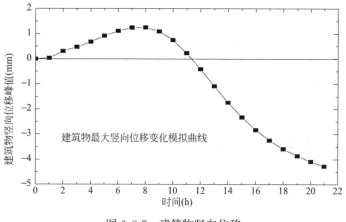

图 6.2-7 建筑物竖向位移

通过观察图 6.2-7 曲线，在顶管接近建筑物的过程中，由于顶管前方土体有隆起趋势，建筑物随之隆起，随着顶管穿越建筑物，由于地层损失以及土体的扰动固结，建筑物出现沉降并最终趋于稳定，建筑物最终沉降模拟值为 4.5mm 左右，满足环境保护要求。

图 6.2-8 为顶管穿越磁悬浮轨道引起的最大竖向位移变化。由于支撑磁悬浮轨道的承台下方有良好的桩基基础，通过观察曲线，在整个顶管穿越过程中，曲线的变化趋势与穿越民房建筑相一致，通过数值模拟，最大沉降可以控制在 2mm，满足环境保护要求，证明了利用开挖面控制和泥浆套控制技术，对于变形起到了良好的控制。

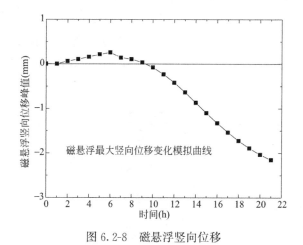

图 6.2-8 磁悬浮竖向位移

6.2.4 超大直径顶管穿越民房的现场测试结果

对顶管施工过程中穿越的民房带来的环境影响进行了监测。结果表明：民房的最大沉降为 4mm，通过对比实际监测结果与有限元模拟结果，两者结果符合得很好，满足变形控制要求，施工对于民房的沉降影响较小。

对顶管穿越引起的民房侧向变形进行了监测。结果表明，民房建筑的侧向位移较小，最大位移为 12mm，由于在数值模拟中采用的民房高度为 1m，所以对于顶部测点水平位移会有差异，但是底部测点与数值模拟结果比较符合。根据计算，实际侧斜量低于 1‰，满足倾斜率控制要求。

对顶管穿越民房建筑引起的民房建筑顶部与底部水平位移变化进行了监测。结果表明，由顶管穿越施工引起的土体扰动，造成了土体的隆起与沉降，使得民房建筑有小幅的水平向移动。通过数值模拟，最大水平位移为 5mm 左右。结合模型中民房的高度取 1m，可以计算出民房的倾斜率小于 0.5‰，满足环境保护要求。

6.3 受力变形特性实测与验证

6.3.1 土体受力测试分析

1. 泥水平衡顶管施工对管周土体孔隙水压力影响测试分析

（1）测试仪器的布置

现场设置 10 个孔隙水压力测点，分为两个断面，两个测点断面分别在距离远东 1a 号出发井 655m 和 661m 左右的位置。每个断面 5 个测点，两条顶管正上方 1m 处各设置 1 个孔隙水压力计，深度为 9.5m，断面 1 孔隙水压力计编号分别为 KY1-02、KY1-04，断面 2 孔隙水压力计编号分别为 KY2-02、KY2-04。每个断面距离顶管外边线 1m 处以及两个顶管中心处（距管壁 2.5m）设置两侧孔隙水压力计，深度 12.8m，断面 1 孔隙水压力计编号为 KY1-01、KY1-05 及 KY1-03，第二断面孔隙水压力计编号为 KY2-01、KY2-05 及 KY2-03。两条管线的轴线间距为 9.6m。孔隙水压力测点布置及断面图见图 6.3-1 及图 6.3-2。

2012 年 7 月 18 日～9 月 20 日，远东 1b 号线顶进，经过设置的断面，依次穿过 1 断面和 2 断面。2012 年 12 月 25 日～2013 年 1 月 24 日，远东 1a 号线顶进，经过设置的断面。

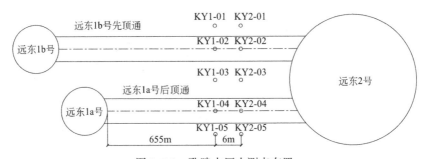

图 6.3-1　孔隙水压力测点布置

（2）孔隙水压力变化情况监测

远东 1b 号线（先）穿越断面时间为 2012 年 8 月 30 日～9 月 1 日，远东 1a 号线（后）穿越断面时间为 2013 年 1 月 12 日～1 月 15 日。

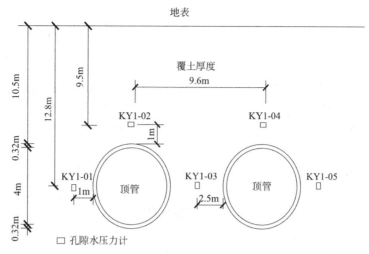

图 6.3-2　孔隙水压力测点布置 1 断面图

当管道穿越断面时，管道周围土体孔隙水压力出现明显的上升，孔隙水压力在掘进机机头快到达断面时达到最大，此后孔隙水压力略有下降。当掘进机尾部离开测点所在断面，孔隙水压力开始下降，随着后续管节的顶进，孔隙水压力逐渐上升趋于稳定。

2. 孔隙水压力变化规律与机理分析（泥水平衡）

本标段顶管工程设计为：2012 年 7 月 18 日～9 月 20 日，远东 1b 号线顶进，经过设置的断面，依次穿过断面 1 和断面 2。2012 年 12 月 25 日～2013 年 1 月 24 日，远东 1a 号线顶进，经过设置的断面。

（1）孔隙水压力变化情况结果分析

远东 1b 号线（先）穿越断面时间为 2012 年 8 月 30 日～9 月 1 日，远东 1a 号线（后）穿越断面时间为 2013 年 1 月 12 日～1 月 15 日。顶管施工过程中均会对周围地层产生扰动，引起附加应力场，如果产生的附加应力场越大，则相应的超孔隙水压力也增加越大，而土体扰动程度与附加应力成正比，因此可用顶管周围形成的超孔隙水压力来评价土体的扰动程度。

（2）孔隙水压力变化的影响范围

通过测试，我们得出：顶管周围不同位置的孔隙水压力比较说明，在掘进机刀盘前方土体扰动影响是以与掘进机周边成一定角度呈放射状扩展的，掘进机附近前方土体受扰动程度大于侧向，扰动影响程度与距离关系最为密切，距管壁距离越近，土体受扰动程度越大。

3. 土压平衡顶管管周土体孔隙水压力实测分析

为掌握土压平衡大直径混凝土顶管顶进过程中周围土体的受力变形特性以及双管顶进中的相互影响，了解土压平衡顶管施工对周围土层孔隙水压力影响，进行了现场测试。

测试对象为上海市污水治理白龙港片区南线输送干线完善工程（东段输送干管）SST2.6 标远东 14 ～ 13 井区间顶管工程中，远东 14～13 井 1 号线长度为 910m，远东 14～13 井 2 号线长度 915m，管间中心距为 9.6m。外环 13～14 号井管中心标高均为 −8.3m，水平直线顶进。1 号线先开定，2 号线后顶，后续施工时两者交替顶进。

（1）测试仪器的布置

内容同"泥水平衡顶管施工对管周土体孔隙水压力影响测试分析"中，测试仪器的布置内容。

（2）孔隙水压力变化情况监测

两个测点断面分别在距离出发井 831m 和 837m 左右的位置。现场顶管交替顶进，2 号线先经过设置的断面，依次穿过断面 1 和断面 2。1 号线随后顶进并经过设置的断面，同样，依次穿过断面 1 和断面 2。2 号线（先）穿越断面时间为 8 月 13 日～8 月 23 日，1 号线（后）穿越断面时间为 8 月 23 日～9 月 3 日。

当管道穿越断面时，管道周围土体孔隙水压力出现明显的上升，孔隙水压力在掘进机机头快到达断面时达到最大，此后孔隙水压力略有下降。当掘进机尾部离开测点所在断面，孔隙水压力开始快速下降。孔隙水压力明显下降，随着后续管节的顶进，孔隙水压力逐渐上升趋于稳定。

4. 孔隙水压力变化规律与机理分析（土压平衡）

本标段顶管工程设计为：现场顶管交替顶进，2 号线先经过设置的断面，依次穿过断面 1 和断面 2。1 号线随后顶进并经过设置的断面，同样，依次穿过断面 1 和断面 2。

（1）孔隙水压力变化情况结果分析

2 号线先穿越测点断面，穿越断面时间为 8 月 13 日～8 月 23 日。

孔隙水压力在顶管施工过程中不断发生变化，当掘进机接近测点时，土体受到强烈的挤压扰动，孔隙水压力迅速变大。孔隙水压力在掘进机到达测点时达到最大，此后孔隙水压力略有下降。当掘进机尾部离开测点所在断面时，孔隙水压力开始快速下降。

测试结果表明，超孔隙水压力变化的幅度反映了土体受扰动的程度。由 KY1-02 与 KY1-01、KY1-03，KY2-02 与 KY2-01、KY2-03 号测点的比较可知，管道两侧测点的变化幅度要比管道上方测点的变化幅度大许多，这表明侧向土体受到的扰动要比轴线上方受到的扰动剧烈。

（2）孔隙水压力变化的影响范围

内容同"孔隙水压力变化规律与机理分析（泥水平衡）"（2）孔隙水压力变化的影响范围。

6.3.2 对地面与管线影响测试分析

1. 泥水平衡顶管施工对地面与管线影响测试分析

（1）地表沉降测试分析

由分析结果可知：最终的地表沉降为 18mm，由于测点所在区域为野外，对于变形控制要求相对宽松，满足了实际环境影响要求。

（2）管线变形

在整个施工过程中，电力管线的沉降出现波动，主要是受施工顶进，以及注浆压力作用影响的。最终电力管线的沉降为 11mm，水平位移为 8mm，满足保护要求。

在整个施工过程中，电信管线的沉降出现波动，主要是受施工顶进，以及注浆压力作用影响的。最终电信管线的竖向沉降为 10mm，水平位移为 8.5mm，满足保护要求。

在整个施工过程中，最终的水管沉降为 30mm，满足了保护要求。

2. 土体变形规律与机理分析

在顶管施工过程中，对于地表的变形以及水土压力进行了实时监测。由监测记录可知：

（1）当顶管穿越断面1时，开挖面机头压力舱压力设定为170kPa，实测结果为150kPa，顶进速度为40~45mm/min，且切头刀盘的输入电流约为270A，刀盘产生的扭矩较大。

（2）当顶管穿越断面2时，开挖面机头压力舱压力设定为160kPa，实测结果为140kPa，顶进速度为35~40mm/min，且切头刀盘的输入电流约为150A，刀盘产生的扭矩较小。

由此我们可以得到：

①在顶管穿越断面1时，由于开挖面压力设置较大，并且顶进速度较大，地表前期出现隆起；而当顶管穿越断面2时，开挖面压力设置较小，并且放慢顶进速度，地表基本未出现隆起。

②后期，断面1的最大沉降为19mm，而断面2的最大沉降为12mm，主要是由于穿越断面1时，刀盘的输入电流较大，刀盘产生的扭矩较大，加之顶进速度较快，对于土体的扰动较大，相应产生的后期沉降较大。

③根据实测值，在顶管的施工过程中，顶管施工正上方的地表沉降要大于顶管两侧地表沉降。这主要是由于顶管正上方地表受到顶管施工开挖卸荷影响较大；并且由于刀盘压力以及注浆压力作用，对于顶管上方的土体扰动更加厉害，造成顶管正上方土体地表沉降大于顶管两侧土体地表沉降。

④根据实测值，为了减小对于土体的扰动，开挖面支护压力控制在140kPa，并且顶进速度要放慢。开挖面的土层变形与开挖面的设置压力有关。如果开挖面的设置压力 P_0 保持自然土压状态，即 $P_0 = P_n$，则无土层变形，理论地面沉降值为零。但实际顶进中，P_0 不可能正好与 P_n 相等。当 $P_0 > P_n$ 时，将对开挖面产生挤压，引起地面隆起；反之，$P_0 < P_n$ 时则地面发生沉降。

最终断面1的地表沉降为18mm，由于测点所在区域为野外，对于变形控制要求相对宽松，满足了实际环境影响要求。根据实际工况记载，地表沉降受到以下因素影响：

①在顶管机头接近观测断面的过程中，在机头支护压力的作用下，地表现出现隆起；当顶管机头尾部通过后，由于管片与机头外径的差异，会在管片外侧形成空隙，需要泥浆进行填充，这个过程中，地表会快速产生沉降。

②在开挖面压力设定稳定情况下，根据实际工况记载，推进速度加快，会使地表沉降增大。

③根据集中时间段的沉降显示，7月28日~7月30日，地表沉降有减小并隆起的趋势；分析原因主要是由于注浆压力设定改为430kPa，使得沉降明显回弹，但是由于对土体产生更大的扰动，使得会产生后期沉降。

④通过比较顶管穿越断面1的正上方测点DM164的地表沉降情况与顶管穿越轴线两侧的测点DM158、DM167的沉降情况，可以明显的看到：顶管施工正上方土体的沉降变形大于顶管两侧的土体，这主要是由于顶管施工正上方的土体受顶管施工刀盘压力、外壁

剪切力、注浆压力作用以及地层损失引起的土体扰动影响较大，随着后期土体固结，会产生相对较大的沉降变形。

6.3.3 对建筑物影响测试与验证

1. 泥水平衡顶管施工对建筑物影响测试分析

在监测的过程中，民房的最大沉降为4mm，满足变形控制要求，施工对于民房的沉降影响较小。

同时，穿越引起的民房侧向变形较小，最大变形为12mm，满足倾斜控制要求。

2. 土压平衡顶管施工对建筑物影响测试分析

（1）对民房的影响

在监测的过程中，民房的最大沉降为32mm，满足变形控制要求，施工对于民房的沉降影响较小。

（2）对厂房的影响

在监测的过程中，厂房的最大沉降为23mm，满足变形控制要求，施工对于厂房的沉降影响较小。

3. 对建筑物影响测试验证分析

图6.3-3为顶管施工过程中穿越的民房带来的环境影响（现场监测数据为顶管穿越民房过程中才开始记录），在监测的过程中，民房的最大沉降为4mm，通过对比实际监测结果与有限元模拟结果，两者结果符合的很好，满足变形控制要求，施工对于民房的沉降影响较小。

通过观察曲线，民房建筑的侧向位移较小，最大位移为12mm，由于在数值模拟中采用的民房高度为1m，所以对于顶部测点水平位移会有差异，但是底部测点与数值模拟结果比较符合。根据计算，实际侧斜低于1‰，满足倾斜控制要求。

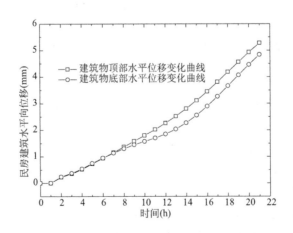

图 6.3-3 顶管穿越民房引起的侧向变形监测值

由于顶管穿越施工引起的土体扰动，造成了土体的隆起与沉降，使得民房建筑有小幅的水平向移动。通过数值模拟，最大水平位移为5mm左右。根据图示曲线并结合模型中民房的高度取1m，可以计算出民房的倾斜率小于0.5‰，满足环境保护要求。

6.3.4 管道受力测试分析

1. 测试依据

施工监测应依据施工方提供的相关工程设计图纸、地质资料和监测要求等，根据以下相关规范、规程和标准结合工程实际情况综合考虑：

(1) 国家标准《岩土工程勘察规范》GB 50021

(2) 上海市标准《岩土工程勘察设计规范》DGJ 08—37

(3) 国家标准《工程测量规范》GB 50026

(4) 行业标准《岩土工程监测规范》YS/T 5229

2. 测试方案与内容

管节结构性能研究及顶管沉井受力变形特性分析试验段原则上选取先开工段作为试验段。在每个试验段中各布置 2 个断面进行测试，对大直径混凝土顶管在施工过程中的内力、管外土压力等进行现场测试，得到管节的受力变形特性。

(1) 钢筋混凝土顶管管道内力与受力性能研究

采用钢筋应力计测试管道钢筋应力，得到大直径混凝土顶管的受力特性，分析验证管道内力计算的合理性。

(2) 钢筋混凝土顶管管道外围水土压力研究

采用土压力计测试管土接触面土压力，得到大直径混凝土顶管的外部压力分布变化特征，分析验证管道设计受力模型的合理性。

(3) 测试传感器选择

采用振弦式传感器进行测试：包括振弦式钢筋计（测试顶管的管身内力）、振弦式土压力盒和孔隙水压力计（测试顶管周围土体的水土压力），采用频率读数仪进行测试。另外，测试顶管外壁水土压力的传感器也可采用小直径的振弦式土压力计和孔隙水压力计。振弦式传感器的优点是性能稳定，测试方便，结果可靠，但其外形尺寸较大，且成本较高。

3. 测点布置

(1) 混凝土顶管管道环向内力测试

采用振弦式钢筋计进行测试，顶管为双向平行顶进，每条管线上选择 2 节管节作为测试管节，每个管节上均设置环向钢筋计测点 8 对（图 6.3-4），测点在顶管管身上沿圆周均匀设置，每对钢筋计焊接安装在顶管内外侧的环向主筋上。

两个试验段的全部测试断面都布设环向内力测点，分别在顶管制作时预先安装于管节上，每根管节 16 个。

测试大直径混凝土顶管环向钢筋应力，由此计算得到顶管截面的环向轴力与弯矩，结果可以与设计计算值及理论分析值进行比较，验证计算方法和土压力荷载模式。

(2) 混凝土顶管管道纵向内力测试

采用振弦式钢筋计进行测试，2 节管节上设置纵向钢筋计测点，每个管节设置 2 对（图 6.3-4），测点布置在顶管管身左右两点，每对钢筋计焊接安装在顶管内外侧的纵向主筋上。

在顶管制作时预先安装于前述测试管节，每个断面布设钢筋计 4 个。

测试大直径混凝土顶管纵向钢筋应力，由此计算得到顶管管道纵向轴力与弯矩，可以分析顶管顶力传递及纵向弯曲变形性状，并推算管壁的顶进侧摩阻力。

（3）管道外壁的水土压力（管道表面土压力测试）

采用土压力盒测量水土压力。每条管线选择两个测试管节，所有测试断面都布设外壁土压力测点，每个断面布设常规土压力盒8个（图8.6-5）。

土压力盒在管道预制时预埋安装：管节制作时预埋8个铁盒与导线。铁盒大小与土压力盒相同，安装需要保证铁盒外面基本与管片外弧面模板相平；另一个铁盒与管片内弧面模板相平。测试大直径混凝土顶管外壁的水土压力之和，分析土压力分布特征与变化规律，验证土压力荷载模式。

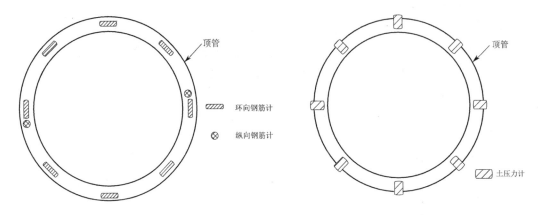

图 6.3-4　顶管内力测试布点　　　　　　图 6.3-5　土压力盒测试布点

4. 测试结果分析

（1）管道在顶进过程中的环向内力不大、主要以压应力为主；内力大小和方向呈波动性变化，无明显规律，主要受注浆和管线纠偏控制；在整个测试阶段，结合对应工况，管道整体上处于偏心受压状态，多以"竖鸭蛋"形态为主。

（2）管壁周围的接触应力分布较为均匀，这与有限元模拟的分布形态相似；在已注浆情况下，管两侧接触压力略大于管顶，管底最大；管周接触压力大小，随开始注浆而变大，停顶后逐渐恢复正常水平。

6.3.5　顶管沉井现场测试分析

1. 现场测试方案

采用土压力计、孔隙水压力计和测斜管测试沉井后背土体的受力变形，得到沉井与土体的相互作用及位移特征，验证沉井周边土压力分布规律。

2. 矩形沉井现场测试

选择一个双管矩形沉井为测试对象，在沉井后背设计布置土体深层侧向变形和水土压力测点，如图 6.3-6 所示。

埋设时由于现场条件限制，实际埋设孔隙水压力计 5 个测点，土压力计 4 个测点，测斜管 5 个测点。测点主要布置在如图 6.3-7 所示。

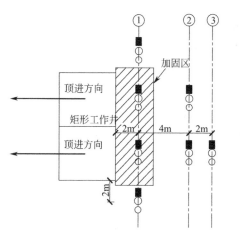

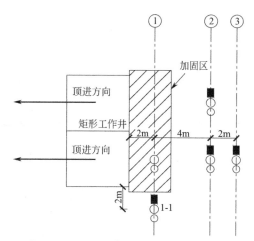

■ 土压力计布点　○ 测斜管布点　○ 孔隙水压力计布点

■ 土压力计布点　○ 测斜管布点　○ 孔隙水压力计布点

图 6.3-6　双管矩形沉井外测点设计布置图　　图 6.3-7　双管矩形沉井外测点实际布置图

土体深层侧向变形采用测斜仪进行测试，测斜管深度为 22m。孔隙水压力测点与土压力测点配套布设，每组测点结合土层和沉井埋深情况在不同深度埋设 5 个传感器。所有测点在顶管施工前 2 周钻孔预埋（图 6.3-8）。

土体测斜点与土压力、孔隙水压测点的钻孔深度为 22m，两者之间的水平间距大于 0.5m。另外，为保护测点，在所有测点均设置了测点保护盖。

2.6 标段远东 10 号双管矩形沉井，左线于 2013 年 1 月 15 日左右顶进完成，右线于 2013 年 1 月 24 日左右顶进完成。测量阶段，左右两线最大顶力约为 25600kN。

由测量结果可知，沉井刃脚及顶管中心标高处的水土压力有一定的增加，但变化幅度较小，距离顶管沉井最近的测点变化量最大，也仅为 20kPa 左右。

综合各测试结果，测得的土体位移较小，由于该沉井后侧土体有水泥搅拌桩加固，有效减小了顶管顶进对后背土体的影响。

3. 圆形沉井现场测试

顶进施工中不同顶力作用下沉井结构与周边土体的相互作用测试，监测点布置在顶管轴线上顶进方向的后侧三个不同位置，分别距沉井外壁 2m、5m 和 8m。每个测试点位

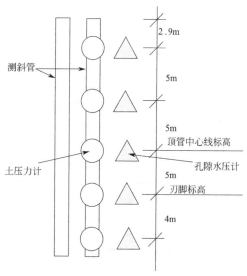

图 6.3-8　测斜管与土压力、孔隙水压测点布置示意图

在不同的深度布设 5 个土压力盒，分别埋设在地面以下 2m、6m、10m、17m 和 20m 处。同时，在测试点位处埋设测斜管测量土体位移，由于沉井刃脚踏面处深度为地面以下 17m 左右，测斜孔的钻入深度达 28m，可认为测斜管已深入到变形影响深度以下。具体

布置见图 6.3-9、图 6.3-10。

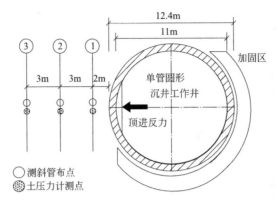

图 6.3-9 测点布置平面图

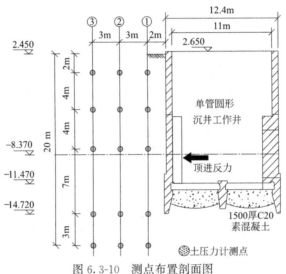

图 6.3-10 测点布置剖面图

沉井完成后，在顶管顶进之前两个月埋设好所有测试仪器，目的是减小由于钻孔埋设传感器造成的土体扰动对测试结果造成影响，土层受到扰动后两个月基本已经恢复稳定。在顶管顶进之前读取各传感器读数作为初值。

由于沉井本身刚度较大，在顶力较小时沉井对其后侧土体影响较小，因此取顶力达9500kN 顶进距离约为 600m 及 14000kN 顶进距离约为 900m 时对土压力和土体位移进行测读。测读数据时，分别按顶程对测试仪器进行数据采集，一个完整的顶程包括：千斤顶未顶进（千斤顶与顶管接触但顶管未顶进）状态、千斤顶顶进（即千斤顶顶进且达到稳定顶力）状态和千斤顶卸载（即千斤顶与顶管脱离接触，沉井完全不受水平力）状态三个状态。

在顶管工程设计施工时，准确确定后背土体在顶力作用下土压力变化值分布和土体位移情况，是顶进能否成功的关键。如对土抗力值估计过高或土体位移估计不足，在顶进过程中顶力较大时，土体可能出现较大的变形，使千斤顶部分回程消耗在土体变形之上，降低效率，严重时会造成后背土体破坏，使顶进失败。

由测试结果可以看出，土压力变化值随着埋设深度的增加逐渐变大。孔隙水压力的最大变化值并不是出现在顶力作用中心深度约 11m 处，而是出现在深度为 17m 处，即沉井刃脚踏面处，过了该断面后，土压力变化值迅速减小，顶管顶进对沉井刃脚踏面以下土体土压力变化基本没有影响。

由于沉井刚度较大，圆形沉井在顶力作用下，顶力所引起的垂直向不均匀土反力，类似直线分布；而不是顶管后座处的土反力最大，井的两端为最少的梯形竖向土反力分布。

在实际工程中，垂直向不均匀土反力也并非严格按照直线分布，在未到达刃脚踏面之前，深度越深，在顶力作用下土压力变化值越大，在刃脚处土压力变化值达到最大，且断面距沉井越近、顶力越大，这种分布情况也越明显。

沉井后背土体在顶力作用下产生较大不均匀土体位移，可能会使沉井工作井发生倾斜导致顶管轴线偏移。

6.4 工程调试

6.4.1 现场测试概况

对现场监测数据进行分析，总结顶管施工过程带来环境影响的变化规律，并对于其机理进行分析研究。

根据《软土市政地下工程施工技术手册》及针对本工程特点的要求，监测设置如下内容：①顶管轴线土体沉降监测；②沿线管线沉降监测；③沿线建筑物沉降、侧斜等监测；④顶管沿线监测；⑤孔隙水压力、土压监测等。

（1）地下管线监测点

管线沉降、位移共用一个监测点，井位周边管线重点监测，布点间距为 5m；与顶管管位平行的点距为 15m。平行管线交叉布设，距离较近的两条监测管线，重点监测抗变形能力小的硬管，比如煤气、上水等。管线太多的地区，选择距离施工面近的管线进行监测，较远的、抗变形能力较大的管线采用适当的取舍，少布设或不布设监测点。横穿管线布点间距自顶管中心向两侧每 3~5m 布点，断面长度为 40m。

（2）周边建筑物监测点

建筑物倾斜监测，主要针对层高大于 2 层（包括 2 层）并处于顶管上方的建筑物，每幢建筑物，在靠近施工区域侧的房角布设 1 组互相垂直的 2 个倾斜监测点。每组测点应上、下部成对布设，并位于同一垂直线上，必要时中部加密。

建筑物裂缝监测，工程施工前，对典型及明显裂缝布置监测点，施工期间，发现新裂缝或原有裂缝有增大趋势，应及时增设监测点。裂缝监测点应符合以下要求：①在裂缝的首末端和最宽处应各布设一对监测点；②观测点的连线应垂直于裂缝。

（3）土体深层位移监测点

在每个沉井围护外侧进出洞及顶管后靠背处及周边有重要监测对象内侧各布设一个土体深层水平位移监测孔及深层土体分层沉降监测孔，孔深为沉井深度以下 5m，本标段均按 20m 布设。

（4）地表沉降监测点

根据周边环境沉降情况，监测点按剖面布设在基坑四周，垂直基坑方向布置，每侧边布设一条，每个剖面5～6个测点，布点间距为5m。

6.4.2　泥水平衡式顶管施工过程

在顶管的施工过程中对于施工的基本情况进行了实时记录。测试的标段顶进开始时间为2012年7月18日，初始的累计顶进距离为8.5m；顶进结束日期为2012年9月16日，累计顶进距离910m。

顶进施工开始后，在7月19日～7月20日，由于排泥故障，顶进速度较慢；7月22日，由于排泥泵故障，停止施工，未顶进；7月25日由于等待机头泥浆外运以及纠偏，顶进暂停；7月26日～8月6日施工正常进行；8月7日～8月8日，由于受台风影响，施工暂停；8月9日开始一直到施工结束，顶管推进施工过程正常进行。

6.4.3　土压平衡式顶管施工过程

上海市污水治理白龙港片区南线输送干线完善工程（东段输送干管）SST2.2标外环8号井～外环9号井区间顶管工程中外环8号～9号南线长度为1054m，外环8号～9号北线长度1059m，管间中心距为9.6m。外环8号～9号井管中心标高均为−7.02m，水平直线顶进。

在顶管的施工过程中对于施工的基本情况进行了实时记录。测试的标段顶进开始时间为2012年8月10日，初始的累计顶进距离为60.8m；顶进结束日期为2012年9月13日，累计顶进距离910m。

顶管的顶进过程，速度较为均匀，中间没有停顶较长时间的情况。如图6.4-1所示为顶管顶进距离随着施工时间的变化。

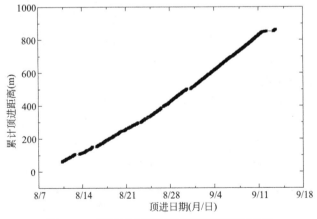

图6.4-1　顶管顶进距离随着施工时间的变化

6.5　工程质量评价（鲁班奖）

上海市污水治理白龙港片区南线输送干线顶管工程共使用4m管材20394节，尺寸误差全部小于2mm。抗内外水压、抗外压荷载试验全部满足设计要求。管材100%经工序检验、出厂检验、到场验收，并经过驻场监理全程监督，全部合格。

新型橡胶圈接口共20332环，顶进中按照设计压力进行单口水压试验6099环，全部合格；贯通后按1.5倍设计压力单口水压试验14234环，全部合格。管道经调试和运行检验，实现了接口"零渗漏"的目标。接口嵌缝表面光滑平整，粘贴紧密，内防腐表面平整光滑，色泽均匀。

整体管道高程及水平轴线偏差不超过±75mm（规范要求+100mm，-150mm）和±110mm（规范要求±200mm），贯通后又经过3次全线观测验证，累计沉降变化小于4mm，管道结构稳定。

沉井制作共复试钢筋原材425组，检验混凝土抗压试块703组、混凝土抗渗试块147组，结果全部合格。沉井下沉平稳，周边沉降小，结构安全稳定，监测点7605个，重要敏感设施沉降不超过10mm，其中磁悬浮沉降仅1.17mm。竖形透气井形状新颖，融入周边环境，现代型透气井美观大方、时代感强。

管道全线采用顶管法施工，中途不再设提升泵站，减少工程建设对周边环境的影响，有效地节省了投资和用地。顶管干泥输送技术节约施工用水避免了泥浆污染。

工程获得上海市优秀工程勘察设计一等奖，上海市QC成果一等奖6项，全国QC成果奖6项，荣获2014~2015年度中国建设工程鲁班奖（国家优质工程）。

6.6 工程社会经济效益

6.6.1 经济效益

上海市污水治理白龙港片区南线输送干线顶管工程施工的安全、快速和经济。建立管道与土相互作用模型对管道进行设计优化，节约管道材料的使用，降低工程费用；建立顶管沉井与土体相互作用的模型为大直径、长距离顶管提供适当推进力，适当减少中继间数量，从而缩短工期提高技术经济效益。研究出专门适合软土地区顶管开挖面稳定性分析方法，可以从设计上减小施工中顶管开挖面发生失稳的可能，提高施工安全系数。开发出超大直径顶管施工的润滑和空隙填充技术，可以减小管壁与土体之间的摩擦，控制地表沉降量，避免顶管顶进过程中周边建筑物与管线的损坏。开发顶管施工专用开挖面稳定控制技术与监控系统，可以在施工过程中实时监控开挖面稳定性，并运用控制技术在合适时间对顶管施工进行干预调整，有效保障施工安全。

开发超大直径顶管泥浆套自动化施工和控制系统，实现注浆自动化，有助于改善施工质量，并节约了人力、物力等有限资本的投入。建立超大直径、超长距离曲线混凝土顶管施工全套自动化集成智能控制工艺标准，在提高施工自动化水平的同时，最大限度的减少超大直径顶管对环境造成的影响，大幅降低相应工程费用，将使大直径、超长距离顶管的关键理论和应用技术更为成熟。减少了对上部土地的占用，减少对周边环境的影响，实现对周围环境的有效控制和保护，节约大量人力、物力和财力，其经济效益和社会效益十分明显。

建立超长距离、多曲线顶管自动测量及偏离预报工艺标准，确保顶管施工安全顺利实施、避免工程事故，从而缩短工期提高技术经济效益，并提升非开挖管道施工行业的科技水平，推动行业的科技进步。

6.6.2 社会效益

上海市污水治理白龙港片区南线输送干线是上海重大工程，其施工质量尤其是施工的安全性将受到国内外的广泛关注。工程通过上述技术支撑，确保了自身的质量可靠及周边建筑安全，从而保证人民的正常生活；同时长距离顶管施工因减少了地面沉井的设置，减小了对地面绿化，拆迁的影响，可以减少对于周边环境、城市交通、居民生活和商业活动的干扰，符合绿色、环保施工要求，达到安全、文明、快速施工的要求。有利于树立城市卫生文明的新形象，其社会效益显著。